小户型设计
解剖书

DETAILED ANALYSIS
OF SMALL APARTMENT DESIGN

李江军 编

中国电力出版社
CHINA ELECTRIC POWER PRESS

内 容 提 要

本书以小户型装修的六大关键点进行解析，以案例分析的形式来解剖小户型装修设计的难点、重点并提出解决方法。从小户型空间结构、格局改造、装饰风格、扩容设计、收纳设计、软装搭配六大方面，涵盖了硬装和软装，为读者掌握紧凑户型的家居设计方法提供了清晰且实用的参考和帮助。

图书在版编目（CIP）数据

小户型设计解剖书 / 李江军编 . — 北京 ：中国电力出版社，2018.9
ISBN 978-7-5198-2341-2

Ⅰ . ①小… Ⅱ . ①李… Ⅲ . ①住宅－室内装修－建筑设计 Ⅳ . ① TU767

中国版本图书馆 CIP 数据核字（2018）第 192245 号

出版发行：中国电力出版社
地　　　址：北京市东城区北京站西街 19 号（邮政编码 100005）
网　　　址：http://www.cepp.sgcc.com.cn
责任编辑：曹　巍　（010-63412609）
责任校对：黄　蓓　常燕昆
责任印制：杨晓东

印　　刷：北京盛通印刷股份有限公司
版　　次：2018 年 9 月第一版
印　　次：2018 年 9 月北京第一次印刷
开　　本：700mm×1000mm　16 开本
印　　张：12
字　　数：223 千字
定　　价：68.00 元

前言

　　小户型通常指面积在 100m² 以下的住宅。随着房价的不断升高，小户型备受青睐。因为小户型本身面积较小却又需要功能齐全，所以在设计和装修时需要考虑的问题很多，既要充分考虑到生活起居习惯不同和使用功能在有限的空间里实现功能的多样性，又要力求做到各种功能的和谐统一。

　　本书首先分析了四类常见小户型的结构特点，帮助业主在购房前了解各类小户型的功能格局，然后根据自己的需求进行选择。对于买到手的小户型新房，特别是一些年代久远的二手房存在诸多不合理的户型缺陷，不能满足现代人的居住需求。对此，本书邀请多位资深室内设计师畅谈如何在充分考虑功能性的基础上进行合理的户型改造，提高居住的舒适度。小户型因为面积比较小，空间感相对较弱，因此不太适合过于繁复奢华的装修风格，适合小户型的装修风格一般有北欧风格、田园风格、现代简约风格、现代时尚风格、现代美式风格等。本书对这几类风格的装饰细节一一作了解析，让业主清楚掌握并打造最适合自家小户型装饰风格的秘技。在小户型的设计中，不仅要做到以空间的开阔和完整为前提，而且还应掌握好收纳技巧，做到小而精、小而全，使有限的空间得到充分利用。本书对扩容和收纳这两个小户型装饰中最为关键的问题进行了详细的剖析，集中展示了巧妙节省空间的诸多招数。由于轻装修重装饰的理念已经被越来越多的人所重视，软装搭配也逐渐成为家装的重头戏。本书罗列出室内软装设计的诸多布置技巧，指导读者如何通过巧妙的软装搭配，完成一个尽善尽美的小户型设计方案。

前言

小 户 型

空间结构篇

P-A-R-T

1

经济实用是现代都市年轻人对家居生活的理解，小户型只要设计合理，仍然可以给人们提供高质量的居住环境。通常小户型在空间结构上分为大开间的单身公寓、独具层高优势的Loft户型、适合年轻三口之家的二居室户型以及居住功能相对完善的三居室户型。年轻业主在经济能力不太强、家庭成员较少的情况下，先选择购买大开间的单身公寓不失为一种明智的选择。其总价相对较低，可以作为过渡型住房，待经济上允许，可置换一个面积大一些的二居室或三居室。

适合单身贵族的
大开间小户型

　　大开间小户型是很多都市单身白领比较喜欢的房型，既可以给自己安一个小窝，又不需要承担太大的经济压力。但同时很多人往往会担心开间在面积上的局限性会让整体空间显得局促拥挤，其实不然，只要设计得当，小空间一样可以得到舒适的居住体验。大开间小户型一般只有一扇大落地窗，如果做隔断，必须要考虑到采光的问题，因此可以采用一些功能性或半开放式的隔断，如用多宝格等柜类家具将空间稍做分隔，从而在视觉上可以形成两个功能区域，这样的隔断方式既不会给室内采光带来太大的阻碍，而且还具备一定的储物收纳功能。

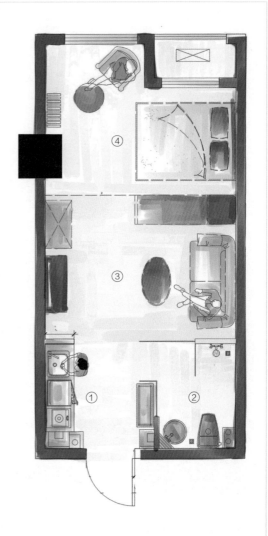

①厨房　　　　②卫生间

③客厅　　　　④卧室

◇ 受限于客厅面积，通常采用一字型摆设的沙发布置形式

◇ 为了保证睡眠区域的私密性，通常用布帘或者折叠门等软
　性隔断进行功能区分

◇ 这类户型适合不经常在家做饭的业主，因此餐桌的功能常
　用吧台代替

◇ 除卫生间之外的所有功能区都在同一个敞开式空间内，麻
　雀虽小，五脏俱全

享受楼上楼下乐趣的
Loft 小户型

Loft 的居住方式最先起源于美国纽约，早期主要是指将废弃的仓库以及厂房改造成自己想要的风格，并为它增加更多的功能，比如用于居住、工作、社交等，还有的对其进行艺术的创造，将其改造成娱乐场所。Loft 户型一般层高在 3.6~5.2 米，面积大多在 30~50m² 之间。由于可以分割成两层，实际使用面积就可达到销售面积的近两倍，而且高层空间变化丰富，可以根据业主的喜好随意设计。一般下层设计为客厅、餐厅、厨房，上层做卧室和书房。选择 Loft 居住方式的人一般非常注重空间的实用性，所以大多以追求时尚和潮流的年轻人为主。

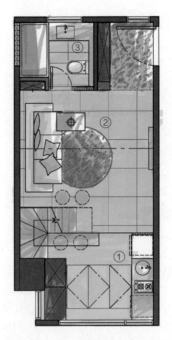

Loft 一层平面图

①厨房
②客厅
③⑤卫生间
④卧室

Loft 二层平面图

◇ Loft 户型的一层通常为客厅、餐厅、厨房等公共空间

◇ Loft 户型的二层通常为卧室、书房等功能区，层高相对
较矮一些

◇ 浅色踏步配合通透性较高的护栏，
可以使视觉空间得以放大

◇ 楼梯下方的角落空间通常可以布置成一个阅读区或储物
区，满足多种功能的需求

适合三口之家的
二居室小户型

　　二居室小户型的空间包括两间卧室、一间起居室、一间厨房和一间卫生间四个部分，不包括独立的餐厅。由于二居室只有主次两个卧室，所以当家庭人口增多，或者子女成长后需要更多的卧室时，二居室就可能不再适应家庭生活的需要。因此选择二居室时，可以舍弃一些次要需求，或者通过灵活的室内设计来提高空间的利用率，来保证高质量的生活。

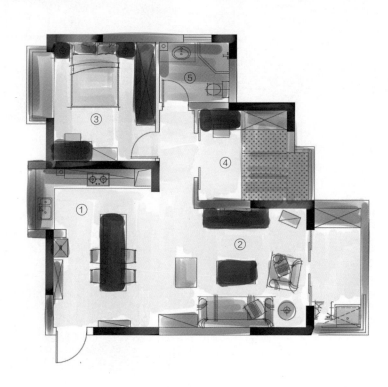

①厨餐厅　　　　　②客厅

③④卧室　　　　　⑤卫生间

◇ 次卧中通常会加入阅读工作区的设计，实现一个空间多种功能

◇ 见缝插针的储物柜设计，不放过小户型的任何一个角落

◇ 二居室户型最常见于老公寓房，缺少独立的餐厅空间，就餐区通常融入客厅之中

◇ 壁挂式的马桶方便清理，不容易留卫生死角，而且可以满足马桶位置的调整

居住功能齐全的
三居室小户型

三居室小户型是现代家庭比较多见的户型。相对于一个家庭来说二居室的面积过于紧凑拥挤，而且在空间布局上难以划分功能区，这时候三居室的优势就体现出来了，它不仅能够很好地划分出独立的功能区，而且在一定程度上也缓解了小户型面积不足的问题。部分户型虽然被称为三居室，有着几个部分的独立空间，但在面积上却不占优势，因为几个独立功能区的空间面积都较小。在对这类户型进行装修设计时，最好不要擅自修改其户型结构，因为小户型的结构比较复杂，在细节处改造容易造成电路水路等的损坏，为了避免出现不必要的问题，在装修时应根据房屋结构进行设计。

①客厅　　　　　　　②厨餐厅　　　　　　　③④⑤卧室

⑥卫生间

◇ 三居室小户型的客厅中可增加单椅的摆设，实用的同时让家具布置形式更加活泼

◇ 通过运用镜面、烤漆玻璃等反光材料，放大小户型的视觉空间

◇ 除主卧之外，其余两个房间的面积相对较小，所以把床靠墙摆放是不错的选择

◇ 餐厅与客厅通常不做任何硬性隔断，并且会利用卡座的设计增加收纳功能

格局改造篇

对于买到手的小户型新房，有些业主会想要调整整个室内的格局，增加其他功能区域；有些业主想改善户型中的小缺陷，提高居住舒适度；还有些小户型业主更多地会把重点放在储物功能的改造上。当然购买旧房的业主对于户型改造的愿望更为迫切。有些市区里的老公寓房因为年代久远，格局上存在诸多的不合理，不能满足现代人的居住需求，所以在改造上要合理利用每一寸空间，要注重平衡舒适性与紧凑性，充分考虑功能性。户型改造不是简单的砸墙，而是要在确保改造安全以及基于合理的设计条件下才能动手。

改造多年房龄的小户型
让旧房重获新生

　　很多旧房由于户型面积小、基础设施老化、功能分布不合理、采光差等原因，存在诸多的不足，如卧室大，客厅小，公共空间的面积不够用；卫生间设计不合理，2~3m² 的空间里面要配置淋浴、马桶、台盆比较困难，有的甚至连转身都困难；餐厅大多没有窗户……这些问题都需要通过合理的布局规划进行改造。

P · O · I · N · T
01

合理调整旧房的空间格局

空间结构的变化，不仅可以使旧房焕然一新，而且也能提高居住的舒适度。老公寓房的内部格局对现代人的生活来说一般都不太理想，卧室偏大、客厅较小而且门较多，卫浴间、起居室、厨房、储藏空间的设计也往往不尽如人意。本案例中可在原有结构空间布局上做些拆改，除承重结构外，墙、门、窗等可以通过拆改重新进行分隔、组合。

原始空间

调整空间

问题 1

缺少客厅空间，一家人缺少一个交流聚会的场所。

问题 2

需要布置出一个独立的就餐区域。

问题 3

隔墙很多，整个空间显得十分琐碎。

措施 1

设计一排卡座，把餐厅和客厅结合到一起，使得空间利用达到最大化。

措施 2

餐桌布置在卫生间和过道之间的区域，而且距离厨房也很近。

措施 3

把厨房的墙体打掉，改成敞开式；卫生间设计成干湿分离的格局，将厨房和卫生间之间的那堵墙变短，使过道变宽。

在进行装修设计的时候，如果出现入户正对房门或卫生间门、厨卫门等一些影响身心健康的格局，可以在户型改造中通过门洞移位的方法巧妙化解，消除一些传统观念中的禁忌，让一家人的生活更加顺心。门洞移位关系到房屋的安全问题，施工时要特别注意。施工前要先确认新门洞的位置处是否有柱等混凝土结构。如果有，则不能将门洞移到此处。

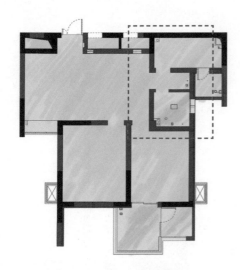

户型改造前

厨房门对着卫生间门，不利于人们的身心健康。

户型改造后

部分墙体打通后，厨房门和卫生间的门洞同时改变了方向，不利格局得以化解。

TIPS 旧房拆改的注意事项

小户型 ◆ 空间设计

敲地和砸墙是旧房装修时，尤其是小户型老房子装修时无法避免的项目，通过敲墙改造来达到视野上的开阔感是很多装修设计都会考虑的创意，但在结构改造工程中一定要注意，严禁拆除承重墙及配重墙。必须在安全的前提下，改变不合理的地方，拆除一些隔断，化零为整。另外砸墙砖及地面砖时，还应避免碎片堵塞下水道。

做好旧房水路
和电路的改造

　　旧房的水路改造设计首先要想好与水有关的所有设备，如净水器、热水器、马桶和洗手盆等，它们的位置、安装方式以及是否需要热水；要提前想好用燃气还是电热水器，避免临时更换热水器种类，导致水路重复改造。卫生间除了留洗手盆、马桶、洗衣机等出水口外，最好再多接一个出来，方便以后接水拖地等。

　　在旧房电路的改造方面，因为现代家庭电器很多，按照国家标准，装修中必须使用 2.5mm^2 铜线，而对于安装空调等大功率电器的线路则应单独走一路 4mm^2 的线路。在往墙中埋线时必须使用 PVC 绝缘管，而且达到活管活线的标准。

◇ 水电等隐蔽工程是旧房小户型改造的重点

P - O - I - N - T

03

对吊顶、墙面与地面三处重点除旧布新

如果旧房的吊顶石膏表面有开裂，那就得重做。墙面一般是铲掉重做的，墙皮如果是耐水腻子，铲掉很难，也没有必要，所以一般可以保留；墙皮如果不是耐水腻子可以铲掉重做。重新粉刷的工艺可以用砂纸打磨后直接涂漆，也可以再刮两层腻子以后涂漆；如果墙面细小裂缝比较多的话，还要先粘牛皮纸或的确良布。至于地板，如果没有裂缝起皮只进行地板翻新保养即可，反之得重新铺地板。但注意只有表层厚度达到 4mm 的实木地板、实木复合地板和竹地板才能翻新。

◇ 乳胶漆是旧房翻新最常用的墙面材料之一

P-O-I-N-T
04

旧房改造后应采取措施去除甲醛

　　甲醛是众多疾病的主要诱因，其危害众所周知，刚装修完的房子里往往会含有大量高浓度的甲醛，因此，在入住前应及时对其进行去除。目前有很多的方法去除室内甲醛，如使用活性炭、空气净化器、光触媒以及加强室内通风等。此外，还可以在家中摆放一些绿植，如虎尾兰、吊兰、芦荟等，不仅可以吸收有害气体，达到清新空气的作用，还能起到装饰家居的作用。

◇ 摆放绿植在装饰家居的同时，还可以吸收有害气体

将阳台并入客厅
扩大室内面积

简单来讲，打通阳台就是在客厅和阳台之间去除门和墙体，直接将两个空间合二为一。现在很多的小户型基本上都需要扩容空间，打通阳台可以增加客厅的面积，客厅小物件的收纳阳台上也可以承载一部分。如果阳台光线良好，也可以改造成书房，午后一边享受阳光，一边享受阅读的乐趣。如果阳台空间不大，还可以考虑将其设计一个唯美的飘窗，成为一个休息的空间，如果家里来客人了还可以作为临时客卧。

◇ 阳台打通后设计成书房，但依旧与客厅之间设计推拉门隔断，不仅可以保证客厅空间的私密性，而且其保温性能也能得到有效保障

◇ 与客厅相邻的阳台被打通后并入其中，增加公共活动空间

P - O - I - N - T
01

根据实际需求进行设计

　　是否打通客厅和阳台，要根据不同户型和不同需求决定。对于客厅面积足够开阔的户型来说，客厅与阳台之间建议安装一个推拉门，这样更具实用性，不仅可以保证空间的私密性、安全性，还可以阻挡灰尘，保温性能也能得到有效保障。如果家里只有一个阳台或阳台离客厅太远，考虑到生活与休闲相结合，可以将开放式阳台进行改造，增加推拉玻璃窗，形成专用的空间，比如洗衣房、储物间等。而对于一些客厅面积不大的双阳台户型，如果条件允许，如内墙并非承重墙等，可以考虑打通连接客厅的阳台，这样可以使客厅空间感大大增强，还能增加采光面积，如果觉得私密性不够，可以在客厅与阳台之间装个窗帘作为隔断。

◇ 打通阳台后，异形格局的客厅显得宽敞了许多

应知悉
打通阳台所带来的问题

　　打通阳台会带来以下问题，比如隔音效果变差，因为最佳的隔音处理是有窗户和门共同完成的，阳台打通之后，客厅就少了一个门阻挡隔音。因此，如果房子靠近繁华的市区或是附近噪声源较多的区域，打通阳台后可以安装一扇隔音窗，能在一定程度上减少噪声污染。

P - O - I - N - T
02

打通阳台后注意做好封闭工作

　　对于北方地区来讲，将阳台打通很容易降低室内的温度，这个时候要特别注意选择合适的密封窗，如果阳台上有一些小的缝隙，就需要做好二次装修。建议北方地区要做好保温措施，例如加保温板，保证阳台的温度不会影响到室内的整体温度。

P-O-I-N-T
03

阳台改造成书房
可选择定制家具

　　利用阳台打造书房，毕竟空间面积不大，在空间的利用上更是寸土寸金，对家具的选择要求更高。需要根据空间选购合适的书桌，并在墙上做一些简易的书架。如果阳台有些异形，最好选择定制家具，可根据实际空间来打造相应的家具。另外，可以考虑配置能够灵活变化的书桌，起到节约空间的作用，有的还能够实现一物两用。有些书桌就是一个柜子，上部是书架，不用时下部就是一个储物柜，能将笔记本、电源线等藏在储物柜里，用的时候直接拉开就是一个工作桌。

◇ 利用阳台改造的书房

P - O - I - N - T
04

阳台与客厅合并对卫生要求比较高

阳台跟客厅不做隔断设计，那么两个空间就可合并在一起。与此同时，阳台上面的各种灰尘以及其他的附着物就容易飘洒到客厅，可以考虑使用纱帘，不仅可以让整体空间看起来更加柔和精致，而且对室内的采光也不会产生太大的影响。

◇ 利用纱帘阻隔灰尘

书房兼做客卧
阅读与待客两不误

　　对于小户型来说能够拥有一间独立书房是件奢侈的事情，因此需要将房屋空间利用最大化以满足更多的功能需求。将书房和客卧合二为一是对书房空间的功能加以拓展，无论是书房还是客房，利用率都没有其他房间高，将两者合二为一对于小户型来说无疑是最为经济合理的选择。

巧用榻榻米在书房里变出一个客卧

可采用书桌、书柜与榻榻米连接的设计，增加书房的储物收纳功能，铺上软垫还能作为客卧，整体给人一种自然清新又不失时尚的感觉。如果房间太小，则建议直接做成全屋榻榻米，一个小房间就兼顾了卧室、书房、储物等多重功能。

◇ 沿墙制作榻榻米与书桌，实现收纳的同时节省空间

◇ 书房与客卧于一体的多功能区同时还具有丰富的收纳空间

02

多功能家具让书房空间灵活多用

如果不想在书房设置地台和榻榻米，或者书房原本已经规划好的话，可以选择一些多功能家具，平时不占用空间，需要时就可以摊开变成床作为客卧，想要更简单一点的话可将一张沙发床放在书房，非常方便，更重要的是其具有可移动的优势，比地台、榻榻米等固定式的设计更加灵活。

◇ 多功能家具平时不占用书房
　空间，需要时就可以摊开变
　成床作为客卧

03

合理搭配取舍让空间更有条理

根据个人的需要对空间配置进行适当合理的增减，可以让书房与客房结合的空间更加大方有条理，比如写字台如果用得不多，可以减小甚至去掉写字台；书籍多的可以选择美观的开放式或玻璃门书架；日用杂物多的则可以增加一些收纳柜、抽屉。此外，考虑到书房和客房的两用性，可以选择一些多功能家具，如折叠的桌子、椅子、两用写字台等。

◇ 如果平时写字台用得不多，可将小面积书房设计成更加实用的全屋榻榻米

利用飘窗
打造一个浪漫的小空间

　　飘窗高度会比一般的窗户低些，不但利于使用大面积的玻璃改善采光，而且因保留了宽敞的窗台，有助于室内空间在视觉上得到延伸。飘窗窗台还能通过改造和装饰，将其打造成一个小巧舒适的休息角落，小憩时，透过飘窗便能将户外的美景尽收眼底。此外，还可以将飘窗窗台设计成嵌入式收纳柜，弥补小户型收纳空间不足的缺陷。

飘窗改造成储物柜

　　小户型空间小、储物空间不足，利用飘窗增加储物柜是最为常规的做法之一。飘窗区域增加柜子有两种情况：一种是把飘窗全部变成储物区，把平时的换季衣服、棉被等统统塞进去。对于储物空间很紧张的小户型，这可是一个既美观又实用的好办法。也可以在飘窗上边加一层抽屉柜，用来收纳房间里的小零碎。还有一种是在飘窗外部增加储物区，空间允许的情况下，可在飘窗四周的墙面做储物柜。一方面扩大飘窗台面面积，另一方面可以制造出巨大的储物空间。

◇ 飘窗改造成储物柜

飘窗改造成休闲区

　　如果对飘窗的储物功能要求不高，主打休闲功能时，可以将飘窗改为休闲区。只需要一方矮几、几个抱枕，就可以把这里打造成平日饮茶聊天的好去处。还可以给飘窗定做舒适的坐垫，这样随时都可以坐在这里饱览窗外美景。此外，可以利用飘窗的一个内侧，增加简单的墙面多层搁板，让休闲空间同时有一定的置物功能，更为实用。

◇ 飘窗改造成休闲区

飘窗改造成学习区

如果没有多余的居室可以用来作书房，飘窗不失为一个好的改造场所，可根据飘窗的尺寸定制一个小小的书桌。在自然光的照射下，室内光线充足，非常适合看书工作。疲累时，还可以眺望远方，缓解眼部疲劳。但要注意的是飘窗式工作区桌面进深一定要留出足够放脚的位置。另外，还可以在飘窗处安装一个吊灯，方便夜晚看书。如果要想保护隐私，可以安装一层纱帘，也可以防止日晒。

◇ 飘窗改造成学习区

TIPS 改造飘窗的注意事项

小空间 ◆ 大智慧

需要注意的是飘窗如果是钢筋混凝土浇筑而成的，一般都具有辅助承重功能。如果将钢筋切断，会破坏主体结构，所以绝对不能拆；如果飘窗是用砖砌成的，则不承担承重功能，就可以敲掉。飘窗改造一定要先提前咨询物业，切忌私自拆除。

利用地台设计
塑造多功能的小户型空间

　　地台外观造型像一个比较低矮的方形柜台，是一种带有日式风格的设计。地台的用途很多，不仅可当作是休闲空间，如运用于茶室。还可当作学习办公空间，如运用于书房。甚至可当作一个休息空间，如运用于卧室。除此之外，一般地台的底部具有储物箱，提高居室空间利用率。

实现强大的储物功能

实木、石材、竹子、苇席、玻璃等都可以用来制作地台，但制作有储物功能的地台最好还是使用大芯板、耐磨板、单木板以及实木等板材。这类材料结实耐用又能保证美观。储物地台内部要划分储物的方格时，如果用轻钢龙骨搭建的话，其内部暴露出的龙骨还需再加板材掩盖，会导致造价增加。而用板材直接搭建，地台内部分割的储物格可直接起到支撑和承重的作用。板材自身有自然木纹，无须过多装饰。如果是大芯板，可以在内侧贴上装饰软片做出假木纹的效果。

如果要增加储物功能，地台高度要在 400mm 以上，否则最多只能在地台侧面勉强做些小抽屉，不但制作成本增高了，对于增大居室的储藏空间也没有太大意义。目前家用储物地台一般有抽拉式和上掀式两种。

◇ 上掀式地台

◇ 抽拉式地台

◇ 在靠近飘窗的地方设计简易的地台作为临时客房

休闲区与临时客房的多重功能

在家居空间内合适的位置设置地台，可降低室内高度，增强视觉上的稳定感与心理上的安全感。更重要的是，升高的地台可以令室内空间变得更加丰富，更具趣味性。在一个没有阳台的落地窗客厅中出现地台的话，既可以在地台上休息，营造一个休闲的角落，还能让其与客厅的风格有明显区分，制造视觉惊喜。在靠近飘窗的地方设计简易的地台，既打破了单调的空间格局，而且隔出的小巧休憩区，铺上床被就可以作为一个很好的临时客卧空间。

◇ 利用客厅一角设计地台制造出一个休闲区

地台内设计升降桌

如果家中有空间设置地台，对于都市家庭来说有许多好处。地台内安装升降桌，平时可以作为书桌或者休闲桌使用。如果来了客人，可以降下桌面，作为临时的客房使用。而地台内部同时拥有强大的收纳功能，对于居家生活而言也是非常实用的。

◇ 榻榻米内安装升降桌，平时可以作为书桌或者休闲桌使用

TIPS
小 空 间 ◆ 大 智 慧

设计地台的注意事项

地台高度一般在 15cm 以内最为适宜。如果地台过高，可以考虑设置两级台阶。但要注意在一个空间内最好不要设置多个地台。如果地台过多，不仅会给家居生活带来不必要的麻烦，而且很容易阻碍视线造成空间上的拥堵感，并会产生分裂空间的反效果。

在客厅中设计书房
营造书香气息的空间

　　越来越多的人觉得书房是家里不可或缺的部分，带书房的客厅设计已经成为当下一种时尚的潮流。面积小的房子无法单独设立空间来作为书房，但是可以通过规划客厅空间来实现两种功能的合理搭配。对于小户型的房子来说这样的设计不仅可以节约面积，而且能让其成为客厅里一个雅致的装饰区域。

应选择合适的
区域作为书房

选定书房的位置首先应该以不影响到客厅的区域功能为主，因此在设计时需要优先考虑客厅的功能需求。其次再考虑书房的位置选择，一般可以将书房的位置安置在沙发背后，客厅与阳台相连的地方也是一个不错的选择。

◇ 利用电视墙的一侧设计书房

◇ 将客厅沙发背后的位置设计成书房

02

尽量选择
简单实用的家具

　　客厅中设置书房的主要目的是为满足日常学习和工作的需求，所选择的家具尽量以实用性为主。尽量挑选那种不占用空间、简洁明了的办公桌椅，颜色上应该与客厅的色彩相互搭配，避免两个空间之间的色彩冲突。此外，还可以在作为书房区域的墙壁上安装搁板作为书架、书桌，既可以节省空间，又富有创意感。

　　书桌的功能在于日常的习作以及阅读，客厅则会比较偏重于会客或与家人朋友聚会，因此决定在客厅摆放书桌时应该考虑到，在体现功能性的同时也需要注意到客厅这一空间的公共性，从而使得整体的设计效果能够得到协调统一。

◇ 书椅与客厅单椅的色彩形成呼应，整体感较强

◇ 利用客厅墙面设计整面书柜，将书房功能融入其中

P-O-I-N-T

03

客厅中设立书房不能忽略采光问题

客厅中的光线一般较好，但是由于在客厅中填充了作为书房的区域，导致整体空间会有一点拥挤，同时也会产生一定光线遮挡的问题。所以在客厅设置书房时，必须考虑到采光的问题。如果作为书房的区域光线不足可以考虑采用灯光来调整，如选用现在流行的 LED 节能灯或者在书桌上放置一盏台灯，在增强照明的同时，也能带来浪漫温馨的灯光装饰效果。

◇ 良好的采光让客厅中的书房与自然交融

将客、餐厅连成一体
简化小户型空间

　　客、餐厅一体是小户型中比较常见的设计手法，因为小户型本身空间少，如果室内有太多隔断墙，会进一步压缩人的活动空间。而客、餐厅一体的设计可以最大限度地拓宽人在室内的活动空间，让整个房子在视觉效果上呈现出宽敞的感觉。此外，如果小户型房子的客厅与餐厅之间有一堵隔断墙的话，那势必会遮挡光线，影响其中一方的采光。客、餐厅一体的设计则可以避免这种情况的出现，让餐厅、客厅都光线充足，让整个室内看起来明亮大方。

◇ 用木地板贴顶的方式界定出一个独立的餐厅空间

01

利用吊顶形成隐形隔断

　　很多小户型的格局是比较开放的，有些客、餐厅之间没有间隔，碍于面积的尴尬又不好摆放家具，这个时候可以利用吊顶做出间隔效果。最常见的有两种方法：一种是直接在空间分界的地方用明显的吊顶线条来分隔，这种分割方法简单明了，分区明确；另一种则是用吊顶造型配以不同的软装饰方法来布置，如两个相邻空间的吊顶可以是方形和圆形的搭配，或是一高一低不同的层次，又或是使用不同的材料和颜色，从而划分出两个不同的区域。

◇ 利用两个相同的灯槽吊顶划分客、餐厅

巧置功能性隔断划分客、餐厅

　　客、餐厅一体并不代表客厅与餐厅之间完全没有隔断，而是让隔断物看起来不那么明显而已。最常见的客、餐厅隔断当属功能性隔断了。例如在客厅与餐厅之间，放置一个矮柜，除了在视觉上隔开了客、餐厅之外，还有着收纳的功能。在挑选矮柜的时候，应注意柜子的高度，最合适的高度为当人坐下时，能刚好遮住人的视线。

◇ 利用带有收纳台面的功能性隔断划分客、餐厅

TIPS　功能性隔断

小空间 ◆ 大智慧

　　功能性隔断是指在分隔空间的同时，又能起到电视背景、储物收纳等其他作用，通常有吧台、矮柜、博古架等表现形式。这类隔断因为其功能性，一般都比较大而厚重，所以在选用功能性隔断的时候，除了要注意尺寸外，采光也是非常重要的考虑因素。

◇ 常见的功能性隔断——吧台隔断

◇ 常见的功能性隔断——矮墙隔断

◇ 常见的功能性隔断——置物架

开放式厨房
制造一体式的家居浪漫

　　开放式厨房是指打通厨房与餐厅、客厅的空间，使之完全相连形成一个开放式的烹饪空间。开放式厨房不仅让整体空间变得明亮、大气，而且拉近了人与人之间的距离，营造出一种温馨的家庭氛围。因其一体式的设计，去除了墙体的阻隔，进一步加大了纵深，因此给小户型带来了一种通透的视觉环境。选择开放式厨房对于小户型来说有着诸多的优点，但在设计改造的同时也要考虑到厨房开放后带来的问题以及相应的解决方法。

◇ 开放式厨房应安装大功率油烟机

加强通风确保室内空气清新

　　如果在家中设计开放式厨房，一定要做好通风排烟工作，不然烹饪时油烟会飘到餐厅、客厅，导致家具及墙壁受到污染，所以大功率多功能的抽油烟机是开放式厨房不可缺少的。此外，最好能设计较大的窗户，确保厨房良好的通风，以减除室内的油烟味，而且也能让室内的光线更明亮。

02

空间改造杜绝
安全隐患

　　厨房空间一般在建造时均会有顶梁或防火墙等基本建筑构造，因此，在对厨房隔墙改造时，要考虑墙体结构的现有情况，做到因势利导，巧妙利用。如要改造的墙体上有过梁，可将它改造成吧台灯光顶，而不能将它拆除，以免影响建筑结构的稳定性。

◇ 开放式厨房的设计在单身公寓中出现频率最高

03

留足收纳空间
让环境整洁美观

　　开放式厨房的台面不宜放过多的厨具，因此，橱柜的储物功能应尽可能大一些，而且橱柜内部也应设计，将台面上大大小小的厨具及其他物品有条理地收纳起来。这样可以保证台面整洁让整个开放空间看起来更加美观大方。

◇ 墙面上设计吊柜收纳厨具，让开放式厨房显得干净有序

厨房与整体家居风格要协调统一

由于开放式厨房是以家居一体式的风格设计的，因此要考虑客厅、餐厅与厨房之间区域装饰风格的统一协调性，以确保厨房空间能完全地融入整体家居环境中。

◇ 开放式厨房与整体家居风格要协调统一

餐厅与厨房一体设计
增进家庭温馨气氛

　　有些小户型并没有独立的餐厅，有的是与客厅连在一起，有的则是与厨房连在一起。厨房和餐厅的结合一方面给小户型家庭节约了空间，另一方面能让空间规划更为和谐统一，更重要的是还可以加强家人之间的交流，活跃家庭气氛。

◇ 厨房中的卡座式餐厅

可选择折叠式小餐桌

　　要想将就餐区设置在厨房，就需要厨房有足够的宽度，通常操作台和餐桌之间会有一部分留空，可折叠式餐桌是一种不错的选择，可以选择将其放置在靠墙的角落，这样既节省空间又能利用墙面扩展收纳空间。虽然这种餐桌的面积有限，但完全可以满足日常使用需求。如果厨房操作台的空间不够，还可以考虑将餐桌当成临时操作台，为厨房操作台减负。

◇ 固定在墙一侧的可折叠式餐桌非常节省空间

02

利用墙面搁板进行收纳

　　将厨房与餐厅合二为一之后，收纳就成了很重要的一个问题，同时采用的方法也可以有很多。整体橱柜本身就带着不少的收纳空间。但是如果不想选用整体橱柜，同时家中空间又比较小的话，不妨在墙上设计一些搁板，这也会是小小的收纳之地，可以在上面放置不少东西。墙面上的搁板长度可以根据自家的橱柜长度进行调节，如果是L形的橱柜可以将搁板做成几层进行搭建；如果是长条形的橱柜，只需要一个和橱柜长度一样的木条就行。

◇ 利用厨房墙面搁板进行收纳

◇ 将厨房料理台延伸出来做成小餐台

P - O - I - N - T
03

延伸料理台加强
餐厨空间整合感

将厨房料理台延伸出来做成小餐台，这种设计对于餐厨一体的空间来说也是不错的构思。通过餐台将餐厅与厨房合而为一，在加强了整合度的同时还能达到延展空间的效果，从而形成一个温馨而且实用的用餐区域。如果在餐台上装置灯光照明，还能增添用餐时的浪漫气氛。

把洗手台移出卫生间
让卫浴生活更加便利

　　把洗手台搬到卫生间的外面，并设计成开放式的，可以增加卫生间的使用效率，使人数较多的家庭能够同时使用而且互不影响，在很大程度上方便了日常生活。同时还能让洗手台远离沐浴水汽，如果能再装饰一些绿色植物，就能让洗手台区域更显生机与活力。

P-O-I-N-T
02

干湿分离有助卫生健康

护肤品、化妆品放在潮湿的空间容易受潮霉变，也有的化妆品会使用带有金属材质的包装，在受潮后容易生锈。因此潮湿的卫生间并不适合存放护肤品和化妆品。洗手台搬到卫生间外后，牙刷、毛巾和护肤品等也随之搬了出来，一个干燥的环境更易于各种物品的保存。

P-O-I-N-T
01

洗漱与如厕互不冲突

将洗手台从卫生间内搬到外面，如厕和洗漱的人就可以互不干扰。特别是对于现在的上班族来说，早上上班时间一般都比较集中、紧迫，这样的设计能在一定程度上节约不少时间。

◇ 洗手台移到过道上可减少如厕和洗漱时间上的冲突

◇ 洗手台移到卫生间外面，通过玻璃砖隔断增加了这个区域的采光

小 户 型

装饰风格篇

对于小户型居室来说，装修时应秉承的原则就是合理地利用每一寸空间，避免因繁杂的设计而导致整个房间看上去凌乱拥堵。小户型面积比较小，空间感相对较弱，因此不太适合过于繁复奢华的装修风格。适合小户型的装修风格一般有北欧风格、田园风格、现代简约风格、现代时尚风格、现代美式风格等。其中简约风格以其简单、明亮、通透的风格特点，是最适合运用在小户型空间的装饰风格，而且其风格中的家具及饰品造型简约，体积较小，不会给小户型带来太多空间压力。

打造清新
北欧风格的小家

北欧风格以简洁自然的特点而闻名，主张健康简单的居家生活方式以及浪漫的生活情调。其整体风格摒弃了复杂浮夸的设计，崇尚回归自然、返朴归真的精神。除了善用木材之外，石材、玻璃和铁艺等都是在北欧风格中经常用到的装饰材料。简单来说，北欧风格家居通常不会做过多的固定式硬装，因为对他们来说，装修并不是主角，居住者如何利用家具摆饰营造简单、随性、舒适的氛围才是关键。北欧风格一直秉承着实用简朴的设计美学理念，是非常适合小户型的一种装饰风格。

◇ 大面积白色

◇ 原木材料

◇ 低矮造型家具

◇ 麋鹿头墙饰

◇ 照片墙

如何打造
一个清新北欧风
的小户型空间

大面积白色
原木材料
低矮造型家具
麋鹿头墙饰
照片墙

※ 白色是北欧风格空间中最为常见的色彩，大面积的应用可给人以干净明朗的感觉。

※ 在北欧风格的家居环境中基本上使用的都是未经精细加工的原木。这种木材最大限度地保留了木材的原始色彩和质感，拥有很独特的装饰效果。

※ 北欧家具的尺寸以低矮为主，多数不使用雕花、人工纹饰，线条十分简约优美，外形虽不花哨，却非常实用耐看，具有简洁、功能化且贴近自然的特点。

※ 在装饰上，麋鹿头墙饰是北欧风格饰品中的经典代表，鹿头多以铜铁等金属或木质、树脂为材料制成的工艺品。

※ 在北欧风格的空间中，照片墙的出现频率较高，以其轻松、灵动的身姿为北欧家居空间带来曼妙的律动感。

充满自然乡村气息的
田园风格

　　田园风格所表现出来的空间主题以贴近自然、展现朴实的田园气息为主。在喧哗的城市，越来越多的人追求朴实的生活，"采菊东篱下，悠然见南山"便是对田园风格最好的诠释。回归自然是田园风格的核心。因此在装饰设计的用料上崇尚自然元素，而且不做精雕细刻。如砖、陶、木、石、藤、竹等，材料越自然越好。在织物质地的选择上也多采用棉、麻等天然制品，其质感正好与田园风格不过分雕琢的追求相契合，一定程度的粗糙和破损也是一种田园主题的传达方式。

◇ 碎花图案

◇ 取材于自然的家具

如何打造
一个乡村田园风
的小户型空间

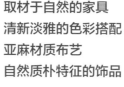

碎花图案
取材于自然的家具
清新淡雅的色彩搭配
亚麻材质布艺
自然质朴特征的饰品

※ 碎花图案是田园风格的主要元素之一。无论是浪漫的韩式田园风格，还是复古的欧式田园风格，碎花图案都是常见的元素之一。

◇ 清新淡雅的色彩搭配

※ 田园风格的家具以体现质朴、自然舒适为原则，追求由材质原始特征所散发出的淡雅温馨的田园生活气息。

※ 在色彩方面往往从大自然中汲取设计灵感，常运用如绿色、土褐色等带有自然气息的色调，摒弃虚浮华丽的色彩、追求自然清新的家居体验，是田园风格空间配色所追求的境界。

◇ 亚麻材质布艺

※ 亚麻材质的布艺是体现田园风格的重要元素之一，在客厅或餐厅的桌子上面铺上亚麻材质的精致桌布，上面再摆上小盆栽，立即散发出浓郁的大自然田园风情。

◇ 自然质朴特征的饰品

※ 在软装布置上一般以选择具有自然质朴特征的饰品为主，小型烛台、陶瓷制品、田间稻草、铁艺制品等都可以体现出田园风格的浪漫与清新。

小户型最常用的
现代简约风格

　　在小户型的室内装饰中，现代简约风格是非常受欢迎的。因为其简约的线条、着重在智能的设计最能符合现代人的生活。简约风格并不是在家中简简单单地摆放家具，而是通过材质、线条、光影的变化呈现出一种空间质感。材质的运用影响着空间风格的质感，玻璃、钢铁、不锈钢、金属、塑胶等材料最能表现出现代简约的风格特色，不但可以让视觉延伸创造出极佳的空间感，而且可以使空间更为简洁。另外，具有自然纯朴本性的石材、原木也很适用于现代简约风格空间，使其呈现出另一种时尚温暖的质感。

◇ 黑白色

◇ 无主灯照明

◇ 直线条家具

◇ 多功能家具

◇ 富有设计感的饰品

如何打造
一个现代简约风
的小户型空间

黑白色
无主灯照明
直线条家具
多功能家具
富有设计感的饰品

※ 黑色和白色在现代简约设计风格中常常被作为主色调。黑白色单纯而简练，节奏明确，是家居设计中永恒的配色。

※ 无主灯照明是简约风格空间的一种设计手法，是为求空间呈现一种极简效果的设计。但这并不等于没有主照明，只是将照明设计成了藏在吊顶里的一种隐式照明。

※ 简约风格的家具一般以直线为主，不带太多曲线，横平竖直的家具不会占用小户型过多的空间，令整个环境看起来干净、利落。

※ 在简约风格中常常可见各种多功能的家具，如能用作床的沙发、具有收纳功能的茶几等。这些家具不仅为生活提供了诸多的便利，而且也在很大程度上节约了小户型的居住空间。

※ 简约风格的饰品元素最为突出的特点是简约并富有设计感，所以一些线条简单，设计简单但极富创意和个性的饰品都可以成为简约风格中的装饰元素。

表现个性的
现代时尚风格

现代时尚风格随着流行元素的改变而逐渐进化、演变，因此其空间表现形式丰富多样，并具有极强包容性。现代时尚风格的室内装饰提倡突破传统，追求时尚与潮流，非常注重居室空间的布局与使用功能的完美结合。其装饰原则是摆脱沉闷，突出空间重点，因此非常符合小户型业主追求个性、时尚的生活态度。这种风格的家具在选材上不再局限于石材、木材、瓷砖等天然材料，而是将选择范围扩大到金属、涂料、玻璃、合成材料，以及强调科技感的元素。色彩运用大胆创新，追求浓重艳丽，或黑白对比的强烈反差效果。

◇ 几何形态家具

◇ 嵌入式家具

◇ 大胆创新的色彩运用

◇ 时尚美观的灯具

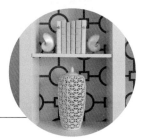

◇ 新型材料饰品

如何打造
一个现代时尚风
的小户型空间

几何形态家具
嵌入式家具
大胆创新的色彩运用
时尚美观的灯具
新型材料饰品

※ 几何元素不受任何时代特征和风格限制，是最时尚的装饰元素之一。除了可以应用于二维空间的平面设计中，还能变成形形色色的几何造型的家具。

※ 现代时尚风格的家具常常可做移动或者嵌入式设计，比如衣橱、抽屉柜等，在增加收纳的同时也节约了小户型的空间。

※ 在配色上，常常会运用色彩的反差效果，让空间色彩更加丰富，如在黑白色的基调下，用以鲜明的色彩点缀增加空间层次，让空间富有时尚、个性的美感。

※ 现代时尚风格的灯具除了具备照明功能外，更多的是用于装饰作用。除了吊灯、落地台灯外之外，嵌入式射灯和绳索式吊灯都是常见的灯饰。

※ 现代时尚风格的饰品数量不宜过多，应点到为止。人物雕塑、简单的书籍组合、镜面、金属饰品等都是现代时尚风格空间里常见的饰品摆件。

清新文艺的
现代美式风格

　　传统美式风格色调浓重，家具粗犷厚重，不太适合小户型家庭。现代美式风格延续了美国传统文化底蕴、历史美感及艺术气息，同时将繁复的家居装饰凝练得更为简洁精雅，为硬而直的线条配上温婉雅致的软性装饰，注入简洁实用的现代设计，吸收了现代装饰风格实用、时尚、大方的特点。现代美式风格反映出了现代室内装饰的美学观点和文化品位，而且非常重视装饰效果，特别擅于使用各种花饰、挂画等摆件，在小户型的空间里表现出华美、富丽、浪漫的气氛。

◇ 浅色系搭配

◇ 鹰形图案

◇ 表面斑驳
　　做旧的家具

◇ 铁艺灯

◇ 做旧的工艺饰品

如何打造一个现代美式风的小户型空间

浅色系搭配
鹰形图案
表面斑驳做旧的家具
铁艺灯
做旧的工艺饰品

※ 现代美式风格的色彩搭配一般以浅色系为主，如大面积地使用白色和原木色，能在小户型的空间搭配中呈现一种自然闲适的生活环境。

※ 白头鹰是美国的国鸟，代表着勇猛、力量和胜利，被广泛应用于美式风格的家居装饰中，如鹰形图案的装饰画或者雕塑作品。此外，在美式风格软装中也常常出现鸟虫鱼图案，体现出浓郁的自然风情。

※ 传统的美式家具为了顺应美国居家空间大与讲究舒适的特点，大多以粗犷复古为主。在居室面积不够宽裕的小户型空间，可选择经过改良且造型简约的现代美式家具，以符合空间的实际使用需求。极简的设计不但保留了它该有的功能，而且富有个性。

※ 铁艺灯是美式风格中一种常见的灯具，其主体是由铁和树脂两个部分组成，灯罩大部分以手工描绘，从中散发出温馨柔和的暖色光线，委婉地衬托出了美式风格的典雅与浪漫。

※ 在现代美式风格中常常会运用到一些饱含历史感的元素，选用一些仿古艺术品摆件，表达一种对历史的缅怀情愫，如地球仪、旧书籍、做旧雕花实木盒、表面略显斑驳的陶瓷器皿、动物造型的金属或树脂雕像等。

怀旧氛围的
复古工业风格

　　复古工业风格在设计中会出现大量的工业材料，如金属构件、水泥墙、水泥地，做旧质感的木材、皮质元素等，展现出了复古工业气息的厚重感、历史感。在裸露砖墙和原结构表面的粗犷外表下，反映了人们对品质的追求以及对无拘无束生活的向往。复古工业风格的墙面多保留原有建筑的部分容貌，比如墙面不加任何的装饰而把墙砖裸露出来，或者采用砖块设计或者油漆装饰。窗户、横梁上往往会以铁锈做旧，显得非常的陈旧斑驳。顶面基本上不会有吊顶的设计，而通常会看到裸露的金属管道等。把裸露在外的水电线和管道线，通过在颜色和位置上的合理安排，组成复古工业风格空间的视觉元素之一。

◇ 黑白灰色系

◇ 裸砖墙

◇ 金属材质家具

◇ 裸露的灯泡

◇ 旧物件饰品

如何打造
一个复古工业风
的小户型空间

黑白灰色系
裸砖墙
金属材质家具
裸露的灯泡
旧物件饰品

※ 从整体色彩上来看，复古工业风格的整体色彩主要以黑白色系为主，有助于营造冷静、理性的空间氛围。黑色的冷酷和神秘，白色的优雅和轻盈，两者混搭交错又可创造出更多层次的变化。

※ 工业风格的墙面多保留原有建筑的部分容貌，比如说墙面不加任何的装饰把墙砖裸露出来，或者采用砖块设计，或者涂料装饰，甚至可以用水泥墙来代替。

※ 复古工业风格的世界离不开金属元素，往往会在家具上大量运用金属材质，但是全金属的家具会显得过于生硬冰冷，因此可加上木质及皮质元素搭配达到软化的效果。

※ 在照明上，裸露的钨丝灯泡是复古工业风格里的经典灯具。将机械细节暴露在外面是复古工业风格的一种独特魅力，装上这样的灯具能提升整个家居空间硬朗的工业风气质。

※ 复古工业风格的空间无须过多的装饰和陈设奢华的摆件，一切以回归为主线，常见的摆件包括旧电风扇或旧收音机、木质或铁皮制作的相框、老式汽车或者双翼飞机模型等。

小 户 型

扩容设计篇

在小户型的设计中，要做到以空间的开阔和完整为前提，以实用与美观为重点。很多人觉得小户型的空间拥挤不堪，其实，只要对其格局进行合理的设计，就能够为小户型扩展出更多的家居空间。对于小户型来说，家具应尽量抛开过度的装饰，轻质小巧型的家具不会占用过多的面积，无形中扩大了小户型的空间感，而且能让整个空间看起来更加清爽流畅。此外还可以通过色彩搭配、增加采光、多用镜面或其他反光材料等多种方式，扩展小户型的家居空间。

巧搭色彩
放大小户型的空间感

　　合理的色彩搭配，可以在视觉上制造出扩大空间的效果，特别是面积较小的小户型，色彩运用一定要合理，杂乱无章的色彩搭配往往会造成空间紧张局促的不良后果。小户型硬装和软装的颜色搭配都很重要，为了避免小空间的压抑感，应该尽量选用浅色调。如果担心空间过于单调，可以选择使用一些亮色元素来作为点缀装饰。

利用色彩的属性放大小户型空间

每种色彩都有自己的性格和属性，如果能够因势利导的在小空间搭配色彩，往往可以达到很好的放大空间的效果。在小户型的空间里，可以选择使用白色、浅蓝色、浅灰色等具有后退和收缩属性的冷色系搭配。这类色彩可以使小户型的空间显得更加宽敞明亮，而且运用浅色系色彩有助于改善室内光线。例如白色的墙面可让人忽视空间存在的不规则感，在自然光的照射下折射出的光线也更显柔和明亮。另外，运用明度较高的冷色系色彩作为小空间墙面的主色，可以扩充空间水平方向的视觉延伸，为小户型环境营造出宽敞大气的居家氛围。这类色彩具有扩散性和后退性，能让小户型呈现出一种清新、明亮的感觉。

※ 小户型的墙面色彩清单

米白色		最中性的颜色，几乎适合所有装饰风格，容易创造出一个既现代又精致的小户型空间
	C 0 M 0 Y 10 K 5	
灰色		搭配性强，能融合所有的颜色，但小户型空间不适合大面积使用较深的灰色
	C 0 M 0 Y 0 K 50	
红色		给人热情、活泼、有生命力的感觉，除了增加温暖的同时，还具有刺激食欲的作用
	C 0 M 100 Y 100 K 0	
黄色		是给人活力与动感的颜色，会让人心情开朗，适合用在采光不佳的小户型空间
	C 0 M 0 Y 100 K 0	
绿色		带来舒缓和清新的感觉，但饱和度过高的绿色会显得太耀眼，不适合应用于小户型
	C 100 M 0 Y 100 K 0	
蓝色		蓝色和绿色都是天然的背景色，比较百搭，通常蓝色与白色可以形成很好的互补
	C 100 M 100 Y 0 K 0	

◇ 大面积白色有助于放大小户型的空间感

◇ 明度较高的冷色系具有扩散性和后退性，并能带来一种清新明亮
的感觉

◇ 小户型的卧室色彩

◇ 小户型的客厅色彩

小户型色彩搭配应遵循
因地制宜的原则

　　对于小户型来说，要注意整体空间的色调统一性，虽然各个功能区域的配色存在共通的部分，但也有不同的技巧和讲究。比如客厅是家中展示性最强的区域，色彩运用也最为丰富。所以客厅要以反映热情好客的色彩为基调，但不可让过多的色彩喧宾夺主，造成客厅空间的视觉压力；而卧室是休息的地方，对色彩的要求较高，在配色选择时要以营造安静舒适的睡眠环境为主，而且不同年龄对卧室色彩要求差异较大，因此，要根据实际情况合理选择。

P-O-I-N-T
03

多种色彩方案提升空间高度

由于小户型面积不大，高度也偏矮，容易给人造成压抑感。如果想在视觉上提升小户型的空间高度，可以用浅色系或偏寒色系的色调，如蓝色、白色等。在墙面和顶面甚至细节部分都使用相同的颜色，就能使空间因完整统一而变得开阔许多；此外，也可以让顶面的颜色淡于四周墙面的颜色。这样可以让整个空间自上而下形成明显的层次感，从而达到延伸视觉，减少压抑感的效果。还有一种方案是可以将墙面使用浅色纵条状图案，无论是上竖下横或多条纹形式，搭配白色、米色等浅色系色彩，都能有效地增加视觉高度和减缓压迫感，使小房间显得更高。

◇ 顶面颜色淡于四周墙面的颜色可让视觉层高得以提升

___TIPS 在小空间里不宜使用过多色彩

小户型 ◆ 空间设计

小户型的墙面配色不宜超过三种，如果墙面颜色过多，会打破小空间的视觉平衡，给人以凌乱的感觉，甚至会让整个空间显得更加拥挤狭小。

◇ 浅色纵条状图案可增加视觉高度和减缓压迫感

借助光线
改善小户型空间的压抑感

　　光线对于小户型来说，它的重要性远远高于任何昂贵的高级材料与装饰方法，因此，光线被称为建筑的"第四度空间"。光的第一条法则："明亮显宽敞，昏暗显狭小"，所以合理巧妙地增加小户型的室内光线可以带来放大空间的效果。尤其是一些老公寓房，由于位置不好，缺少必要的阳关照射，造成房间采光差，涂料、墙纸因受潮脱落、起皮，严重影响居住品质。因此需要利用一些巧妙的设计让小户型也"容光焕发"起来。

◇ 利用镜面反射光线让室内空间显得更加开阔

◇ 大面积落地窗给人视觉上以通透的感觉

P - O - I - N - T

01

借助自然光线
让室内空间更加通透

　　若想让室内更加明亮，除了用装修手法来改造以外，最直接有效的办法是引进自然光光源，在小户型中，自然光的运用对于室内温度和居住环境的舒适程度以及室内空间的放大都息息相关。可以大量运用落地窗、观景窗或玻璃砖等办法将自然光线引入室内，落地窗不仅能给人以视觉上通透的感觉，而且能让空间变得更加惬意、休闲。此外，还可以在室内多放置几面镜子，如放在过道或者其他合适的位置，利用镜面反射光线可以让室内空间显得更加开阔、明亮。

P-O-I-N-T

02

凿壁借光点亮家里的每一寸空间

　　在客厅光线不足的情况下，如果客厅与厨房相连通，并且厨房有一面透光的窗户，那就可以考虑把厨房做成开放式，或者安装一面玻璃的推拉门，这样就可以借厨房的光照亮客厅了。有些老公寓小户型中没有独立的餐厅，客厅会比较狭长，这样靠近入口处的区域光线会比较暗，通过拆除墙体改善采光也是一个不错的方法。如果与客厅左右相连通的是书房或者客卧，则可以拆掉相连的非承重墙，换成玻璃推拉门，充分利用客卧和书房的自然光。这样不仅可以使客厅光线通透，还起到了扩充视野的效果，因为视线受到的阻隔越少，空间就会显得越宽阔。

◇ 玻璃推拉门可让不同的空间相互借光

◇ 在厨房与玄关之间的墙上开一扇窗户，让原本采光不佳的入户空间得以改善

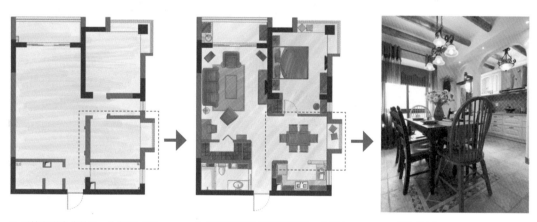

◇ 原始户型中此处是一个封闭式的
小房间，厨房空间过于狭小，操
作空间很受限制

◇ 拆除餐厅与厨房间的墙体，将厨房
改成开放式厨房，成就一个宽敞明
亮的就餐空间

◇ 改造后的实景

TIPS　打通墙体改善采光应注意的事项

小空间 ◆ 大智慧

　　通过打通实体墙改善采光是一个不错的方法，但是户型改造中有一些地方是不可以拆改的，如承重墙是用于支撑上部楼层重量的墙体，在没有请专业公司做好加固的前提下不能擅自打掉或进行墙体改造，否则会带来极大的安全隐患。轻质墙拆改的时候要注意内部是否有管道通过，拆除时一定要注意保护好管道。墙体中的钢筋也不能动。在埋设管线时，如将钢筋破坏，就会影响到墙体和楼板的承受力，留下安全隐患。

03

半开放式隔断让光线
自由流动

小户型空间应减少实体墙等封闭式隔间，让视觉在空间里有延展的感觉，采光也不会被阻隔，从而让室内达到宽敞通透的效果。此外，做隔断的时候要切记不要做封闭式的隔断，可以使用玻璃隔断、镂空木质隔断或者纱帘隔断，这样不仅可以将空间合理地分隔开来，而且不会把光线挡住。

◇ 常用于小户型装饰的半开放式隔断方案——玻璃隔断

◇ 常用于小户型装饰的半开放式隔断方案——百叶推拉门隔断

◇ 常用于小户型装饰的半开放式隔断方案——纱帘隔断

选择通透感强的材料提亮小空间

在空间不够开阔的小户型空间，可以运用如玻璃、金属等通透性比较强的材料。如果家具、地面等都采用了具有反光性的材料，则可以让空间形成一个整体，拉大空间的高度与宽度，小空间也变得宽敞明亮起来了。

◇ 通透性较强的家具不仅让空间变得轻盈，而且可以增加现代气息

◇ 金属家具配合反光性较高的地砖，在镜面的映射下显得空间更加开阔

妙用镜面
拓展小户型的视觉空间

镜子除了打扮妆容等实用功能外，也具备放大空间的作用。如果出现空间狭小、层高低矮、采光不足的状况，可运用镜面来补充空间的缺陷。在局促的空间里，适当运用镜子可以扩展空间，从视觉上缓解空间的狭窄感。比如在窄小的过道、狭小的客厅、玄关中应用镜面做隔断，可以有效拉升空间。此外，其用在空间光线不足的房间里，可以折射光线，增加采光。镜面设计在不同的区域都能发挥出无法替代的效果。

◇ 层高较矮的客厅适合在顶面安装镜面

◇ 狭长的客厅适合在侧面墙上安装镜子

安装镜面扩容客厅的视觉空间

对于一些客厅比较狭长的户型来说，在侧面的墙上安装镜面可以在视觉上起到横向扩容的效果，让客厅感觉到宽敞。而在层高不是很高的客厅里，可以在顶面巧妙运用镜子，给人一种高深的错觉。至于镜面的尺寸和颜色，可以根据客厅的面积和格局的具体情况进行选择。

在客厅的某个角落处巧用镜面，也是一个很不错的选择。因为通常角落处的光线较弱，空间也较为局促。只要在低矮柜子的墙面上用镜面装饰，就多增加一面墙的反光照射，起到加强亮度，延伸空间的作用。

借助镜面延伸玄关空间深度

一般房子的玄关面积都不大，借助镜面的反射作用扩充其视觉空间是再合适不过的方法了，不仅改变了小玄关的窄小紧迫感，而且巧妙地映照出客厅的影像，感觉像是多了另一块如客厅大小的区域，借助视觉的延伸来塑造空间深度。要注意直接对门的玄关不适合挂大面镜子，而可以将镜面设置在门的旁边。如果玄关在门的侧面，最好在门的一侧放置镜子，和玄关成为一个整体。

◇ 玄关的镜面适合安装在门的侧边

◇ 如果是狭长形的玄关，大块的镜面可以很好地改善空间的局促感

◇ 玄关处设置穿衣镜除了实用功能以外，还可以有效提升室内的亮度

03

餐厅装饰镜面
打造愉悦的就餐气氛

　　如果餐厅空间较为狭小局促，会让家人的就餐心情大打折扣，可以考虑在餐厅的壁面处用上镜面装饰。借助镜面反射制造趣味效果，使原本狭窄的空间在镜面反射的作用下，视觉得以延伸，达到放大餐厅空间的效果。有些餐厅空间的小餐桌选择靠墙摆放，容易受到来自墙壁的无形的压迫感，这时可以在墙上装一面比餐桌宽度稍宽的长条形状的镜子，消除靠墙座位的压迫感，增添用餐情趣。

◇ 镜面的餐边柜门产生放大餐厅空间的效果

◇ 餐厅墙上装一面比餐桌宽度稍宽的长条形状的镜子，可以消除靠
　墙座位的压迫感

◇ 餐厅墙上的镜面除了放大空间以外，还可以对餐
　桌上的装饰物进行更好的映衬

04

穿衣镜化解卧室空间紧迫感

卧室里的镜子除了用作穿衣镜之外，还起着放大卧室空间的作用。比如在卧室墙上安装镜面，在增添个性之余，更有隐约之中放大了空间的感觉。同样，卧室内的衣柜表面也可以换成镜面装饰，使空间有横向扩展的感觉，可以减少因卧室狭小带来的压迫感。

◇ 利用镜面衣柜门把室外风景引入室内

◇ 在卧室床头墙的两侧对称安装镜子

05

落地镜让小户型
卫生间光彩倍增

　　小户型卫生间的面积向来不大，因此如何运用软装材料及设计巧思来营造通透感，就成了卫生间设计的重点。镜子不仅可以在视觉上延展卫浴空间，同时也会让光线不好的卫浴间的明亮度得以增强。可以考虑在卫生间的墙面安装落地镜，这样的设计不仅在视觉上延展了空间，也增加了卫生间的明亮度，减轻了小空间的拥堵感。

— TIPS

小户型空间使用镜面要适可而止

小户型 ◆ 空间设计

　　镜子因其具备反射光线的特殊属性，给小户型带来了更多生机，但在使用时要恰到好处，多用、滥用则会对家居生活造成适得其反的后果。在家中不宜大量地使用镜面，否则会使人引发幻觉，扭曲人的正确判断，造成不必要的惊慌。此外，如果家里有小孩，就要特别注意镜子的安装位置以及牢固程度，镜面不宜过薄，而且要安装在小孩不容易碰到的地方。

利用墙面
节省出小户型的地面空间

　　现在小户型的家庭很多，由于面积小加上生活杂物的日积月累，往往会造成空间越来越小的局面，这是很多小户型家庭的烦恼。在空间收纳中，墙面空间是最容易被忽视的，但如果能够充分利用墙面，就可以节省很多地面空间，而且还能带来视觉上的美感，从而达到收纳、装饰两不误的效果。

利用墙纸或壁画制造视觉上的空间延伸

在一个居住空间中墙面的视觉比重相当大，因此，若想将有限的空间变大，首先可考虑从墙面着手设计处理，其设计方式比较简单，造价也不高。比如可以选用纹理墙纸制造视觉拉伸的效果。如果是横条纹墙纸，便可让狭窄的空间相对拉宽；如果是竖条纹墙纸，可令低矮的空间相对升高。除了墙纸外，还可以考虑使用壁画，一幅漂亮的壁画特别是一些风景题材的壁画，如海滩、山水、原野等，一样可以产生视觉延伸，达到空间放大的效果，并且有亲近大自然的感觉。

◇ 竖条纹墙纸提升了低矮空间的视觉高度

◇ 风景题材的壁画可产生让视觉延伸的效果

02

嵌入式收纳是
小户型的"良师益友"

　　对于空间局限性较大的小户型来说，充分利用墙体空间的面积，制作嵌入式收纳是一个很好的方法。一目了然的嵌入式设计，让收纳功能融入墙面，不仅能在小空间里展现小中见大的效果，同时还可以提升空间的整洁感，优化居住体验。需要注意的是嵌入墙面的设计，适合比较深一点的墙体，而且要充分考虑到墙体的承重能力，这样在确保安全的前提下，还能保证有足够的嵌入空间。另外，如果想隐蔽这个柜体空间的话，建议选用和墙面颜色相似的材质，使得整个墙面看起来完整流畅。

　　此外，设计嵌入式收纳时要先确定好墙体是承重墙还是隔断墙，承重墙是不能够掏空的，否则会影响墙体的承重结构，造成安全隐患。而且还应考虑隔音的问题，如果墙体掏空了一半势必会影响墙体的隔音效果，所以在设计嵌入式收纳前，应进行综合考虑后再确定凿空的位置。

◇ 在过道上设计嵌入式收纳柜

◇ 大体量的嵌入式收纳柜不仅不会占用餐厅的空间，柜门上的木纹还独具装饰效果

◇ 为了缓和大面积白色带来的单调感，设计师利用凹凸不平的柜门造型营造层次感与立体感

在墙上开辟隐形门增加空间利用率

　　隐形门分为平开式和推拉式两种，一般由隐形门所在墙壁的造型所定。隐形门的安装方式多样，有的直接设置在墙壁上，有的在展示架、多宝格之后，有些甚至整个墙壁都是隐形门。由于有的房间结构设计得不合理，空间与空间之间没有明显的分隔，所以需要通过硬性手段来打破空间的粘连，进行一定的区分。而区分公共和秘密空间正是隐形门的一大用处。

　　背景墙上带门的设计在小户型中较为常见。但是在墙上单独地设置出一扇门，会分割一部分墙面的长度，让空间显得突兀凌乱，从而影响空间的视觉平衡感及整体美观度。因此在背景墙上设计隐形门，让其在视觉上完全和墙面融为一体，可以让整个客厅空间更加完整美观。此外，如果将隐形门的门体设计成收纳柜的形式，还能缓解小户型客厅空间的收纳压力，增加空间利用率。

◇ 与墙面浑然一体的隐形门让空间更加完整美观

◇ 隐形门的设计让原来显得零碎的空间融为一体

◇ 利用过道上的壁龛摆设饰品

P - O - I - N - T

04

制作壁龛集收纳和装饰功能于一身

　　由于户型面积的限制，很多小户型的家庭往往会选择制作壁龛。壁龛可以作为收纳柜、书架等用于收纳日常用品，也可以用于陈列饰品、摆件等作为空间装饰。壁龛不占建筑面积，不仅具备收纳功能，而且具有一定的观赏性，是一个把硬装和软装相结合的设计理念，但其深度受到墙体厚度及构造上的限制。此外，制作壁龛时应注意，在选择位置时必须使其不影响家具的布置和使用，同时要特别注意墙身结构的安全问题。

◇ 利用壁龛做成一个开放式的书柜

◇ 制作壁龛的墙体必须是非承重墙，并且具有一定的厚度

TIPS

小户型 ◆ 空间设计

制作壁龛时应注意墙体结构

想要制作壁龛必须要符合施工条件，最重要的一点是不可在承重墙上制作壁龛，基础条件尺度是墙壁厚度不少于30cm，如果少于30cm则不建议开凿。而深度建议是15~20cm。如果墙砖都是以小砖为主，那建议壁龛以整块砖来做，而不要以半块砖来拼接施工，这样才能保障精准性，以免多次返工。

小 户 型

收纳设计篇

　　家居收纳必须做好物品分类和空间分类，同时要物归原位，改掉随手放置的习惯，不然慢慢地就会发现到处都是杂乱的物品，想找个东西都会无处下手。小户型的空间有限，所以收纳更要精准，收纳前可以先找出需要收纳的物品或家具，列出需要收纳的物品种类及数量，经过分类及大小丈量等详细的统计后，依照类型数量去规划收纳空间。比如利用分层分类的方式，将衣物针对不同属性，设计不同的收纳柜体及支架。分门别类、分区摆放，东西虽多，但空间还是整齐有序。如果掌握好收纳技巧，就可以做到小而精、小而全。

小户型玄关收纳
以简单实用为主

　　玄关是打开家门后第一个接触到的区域，因此，玄关空间是一个家给予别人的第一印象，而且玄关的便利度极大的影响进出门的效率，所以玄关收纳的重点是要在确保方便使用的同时保持清爽的空间构图。玄关的面积相对较小，故此处的家具不宜过多，更应充分利用空间，在有限的空间里有效而整齐地收纳足够的家具。

至简为上、机动灵活的玄关收纳

最高效的玄关储物方式，不一定非要是大大的柜子，也可以是一把长凳、简易的搁架，甚至可以是铁艺挂钩，悬挂衣帽、包包，出门随手就能拿到想要的衣物。此外利用储物筐根据杂物的种类摆放也是个不错的选择，这样整齐之余还能取放方便。简易的玄关收纳不仅不占用太多空间，而且灵活性大，在用不到的时候可以直接收起或者移动到别处以作他用，既能减少玄关占用面积，又能达到一物多用的效果。

◇ 使用挂钩悬挂衣帽和包包是一种高效的玄关收纳方式

◇ 长凳、墙面挂钩以及储物筒多种组合的收纳方式

组合玄关柜具备多样化收纳功能

在入门玄关处，可以选用具有延伸空间效果的组合玄关柜。组合式玄关柜不仅占用面积不大，还具有强大的收纳功能。上下断层的造型会比较实用，不仅柜子里面可以储放物品，连台面也能放置钥匙等小物品，如镜框、花器等提升美感，给客人带来良好的第一印象。而下方镂空的地方，可以摆放日常所穿的鞋子。

◇ 上下断层的组合式玄关柜可避免压抑感，而且台面上可摆设饰品作为装点

◇ 底部悬空的鞋柜＋墙面搁架的收纳组合

P-O-I-N-T
03

玄关坐凳功能贴心收纳强大

在玄关处增加坐凳，能够让家人和客人进屋时都坐下来换鞋，尤其方便老人和孩子，避免弯腰不便和单脚站立的尴尬。箱式的坐凳还能形成大容量的储物空间，可以收纳日常更换的鞋子、包包等，或预留单独的空间存放客人物品，如果能搭配上舒服的坐垫则更加贴心和舒适。

◇ 小小的换鞋凳可给居家生活带来很多方便　　　　◇ 选择成品换鞋凳注意与家居整体风格的搭配

—TIPS　玄关换鞋凳的类型

小户型 ◆ 空间设计

玄关的换鞋凳一般分为两种，市面上的成品换鞋凳和木工打制的换鞋凳。如果身高过高或过矮，建议让木工打制柜子。或者是家里有老人和小孩，身高差太多的，那么在凳子的设计上可以做高低凳两个台面，一个是给大人坐着用，另一个低的可以专用于孩子的换鞋。

多种收纳方式
打造多元化的客厅空间

　　客厅是一家人日常生活中互动最为频繁的场所，也是接待亲朋好友的好地方。这里往往齐聚着众多家具和电器，特别是小户型的客厅。如果不在收纳上下点工夫，整个客厅往往会变得拥挤不堪，因此客厅收纳对于营造一个良好的家居环境是非常重要的。小户型的每一寸的空间都须利用到位，拥有多功能的空间更是为家居收纳锦上添花。通过巧妙的设计，可以把客厅打造成为多功能和多元化的生活片区。

P-O-I-N-T
01

利用沙发背景墙设置收纳搁架

　　沙发后面的墙壁是一个容易被遗忘的角落，但却蕴藏着强大的收纳功能。比如可以用木板打造一个分层的收纳搁架，而且搁架可以根据自己的兴趣喜好制作成不同的样式和造型，搁架的运用可以增加客厅空间的层次，使客厅现代感十足。普通的横条式搁架，虽然中规中矩，却可以让空间变得整齐有序。除了收纳物品，搁架上也可以放置书籍、花草、装饰品等，可以达到美化客厅的效果。

◇ 在沙发墙上打造大面书架

◇ 沙发两侧对称陈列的收纳架

◇ 分层的收纳架充分利用了沙发墙的空间

◇ 客厅边柜同时兼具较强的装饰作用

◇ 客厅边柜台面上适合陈设富有艺术感的小饰品

P - O - I - N - T

02

选择具有储物功能
和装饰功能的边柜

　　带有储物功能的边柜能完美地实现客厅收纳，其多样的内部配件组合不仅能整齐收纳日常的零碎物品，而且可以满足生活中的多种储藏需求。在兼顾储藏功能的同时，还可以摆放一些富有艺术感的小饰品以体现出主人的艺术品位。

03

开发电视墙的收纳功能

　　小户型的客厅往往没有足够的空间来安置多个收纳柜，因此，各种日常用品的胡乱堆积会让客厅显得凌乱拥挤，而且大多数家庭在装修时，电视背景墙区域往往只是用于摆放电视柜及电视机，所以显得格外的空旷浪费。合理有效地将电视背景墙面利用起来，可以提高小户型客厅的收纳效率。比如可以在墙面设计书架或置物架，在上面收纳日常用品或者摆上一些饰品摆件、绿植、放上几本自己喜欢的书籍，这样的电视背景墙在起到收纳作用的同时，也可以让客厅空间的装饰效果更为丰富。

◇ 墙面柜与搁板的组合

◇ 简单的一块搁板成为展示小饰品的好去处

◇ 结合电视墙造型设计的收纳架

◇ 电视机上方收纳杂物的置物架

◇ 带有抽屉的茶几

不容小觑的茶几收纳

几乎每个家庭的客厅里都会有一张茶几，虽然它只是客厅的一个小配角，除了用来摆放茶水之物以外，如果对其进行合理的选择及利用，还能在茶几中开发出更多的收纳空间。如可以挑选两层，或是包含收纳箱体的茶几，将一些生活杂物收纳在其中，非常实用而且不显杂乱。除了传统的茶几，各式风格的木箱也可以代替茶几，不仅有着独特的装饰效果，而且具备强大的收纳功能。木箱上面可以摆放茶壶、茶杯，箱体里面则可以储存大量的杂物，将收纳隐藏于无形。

◇ 双层茶几

◇ 用木箱代替茶几

利用好床周围的可用空间
让卧室收纳更高效

小户型家庭对于收纳有很强的需求，卧室更是如此。狭窄的卧室空间，摆下一张床之后几乎所剩无几，但是卧室的衣物、零碎物品都要找地方容身，要化解空间矛盾，就必须好好利用小户型卧室的床边角和墙面等特殊空间，为物品找到更多的容身之处。

巧用隔断让收纳与装饰相辅相成

　　小户型卧室中的隔断不适合砌成一堵实墙，因为隔断也能够作为收纳空间很好地利用起来。比如将用作隔断的墙体换成置物架，置物架上又可以收纳不少的物品，不仅不会显得杂乱，而且会非常有设计感。同时，半通透的设计，不仅不会影响采光，还能给视觉带来延伸感，让整个空间显得更加开阔。

◇ 单身公寓中利用收纳柜作为卧室与外部空间的隔断

◇ 隔断式的书柜在分隔卧室和书房的同时，又让两个空间彼此相互联系

02

充分利用卧室床下空间

　　家中的衣物数量往往会随着时间的推移而日渐增多，因此，衣物的存放便成为卧室收纳中最为关键的部分。为了解决卧室的收纳问题，可以选择一些带有床箱设计的床具，将不常用的被套、床单、衣物等存放于床箱中，即使没有选择带储物功能的床也没有关系，一些高度适宜的储物篮筐能很好地收纳物品并隐藏于床下，而且非常灵活方便。

　　此外，对于小户型的卧室空间里，如果想增加其储物功能，使用带抽屉与储物柜的高架床是个不错的选择。将床高悬于空间之上后，可充分利用其下部空间进行其他功能的设置，如设置写字台或配置储物柜等。

◇ 带有抽屉柜的床具

巧妙利用床头设计衣柜

面积不大的卧室床头背景，经常会考虑床头柜与衣柜做成一体的方式，形成了一个整体的效果。这种衣柜有很多种组合，但是需要注意的是，在前期对衣柜进行设计时，预留床的宽度时需要考虑床靠背的宽度，因为有些美式床的靠背一般会比床架宽一些，避免以后放不进。

◇ 利用床头位置设计与床头柜连成一体的衣柜

利用床尾作为收纳空间

床尾处的空间是个作为临时收纳的好地方，若是能给其选择一款风格与造型都能够完美搭配的床尾箱，在增加了收纳空间的同时还能加强卧室的整体装饰效果。如果卧室左右两边的宽度不够，或者隔壁的主卫与卧室之间做成半通透的处理，这样常规的位置就做不下衣柜了，建议考虑把衣柜放在床尾位置，但要特别注意柜门拉开后的美观度。可以考虑做些抽屉和开放式层架，避免把堆放的衣物露在外面。尺寸上保证柜门与床尾之间的距离在80cm左右即可。

◇ 利用床尾空间设计大面收纳柜

◇ 利用床边的空间设计置物架

TIPS
小户型 ◆ 空间设计

利用床边空间进行收纳

除了床头、床尾和床下空间外，床边也是不能放过的收纳空间。如可以在床的一侧打造整排的矮柜用来存储衣物棉被等，同时矮柜的台面还能充当书桌或梳妆台，甚至还可用于摆放饰品摆件及绿植。

◇ 卧室墙上安装搁板收纳小物件

◇ 在卧室床头墙上设计整面格子状的收纳柜

◇ 入墙式书柜在实用的同时更显现代气息

P - O - I - N - T
05

充分利用卧室的墙面空间

小户型的卧室应该合理有效的利用墙面作为收纳空间，比如可以在墙上设计一些木制的小格子，这样的小收纳设计不仅很实用而且也有很强的装饰效果。格子的空间不需要很大，只要能放下些许的零碎物件就好，而且格子的数量可以根据房间的结构以及自己的需求来确定。

小户型书房收纳
将节约空间进行到底

　　书房是集中精力工作和学习的场所，想要营造一个整洁干净的书房，细心合理的收纳是必不可少的。书籍、文具、文件、笔等物品虽然不大，但却非常容易被人忽视。书房总是会被许多零零碎碎的物品所包围，在不知不觉中，空间也被肆意侵占着，忙到焦头烂额也无法把它们整理好。此时不如重新挖掘那些容易被遗忘的角落，再通过巧妙的收纳设计，让小户型的书房鲜活起来。

◇ 抽屉与柜子组合的多功能收纳方式让书房显得更加整洁

化整为零营造整洁有序的书房空间

　　书房空间往往会塞满各种杂乱的小物件，因此需要将杂乱无章的物品归类，化整为零。充分利用书房的空间位置，把经常要使用的物件整合归类，存放到常用区，平时比较少用的物件整合归类，存放到不常用区。此外，书房桌面或工作台虽然面积不大，但零碎东西却也很多，这时可以用格子收纳盒和收纳筒将各种橡皮、笔、尺子等收纳起来，这样台面上看起来也会整洁不少。

◇ 搁板上摆设经常要使用的物件，平时比较少用的物件可存放到封闭式
　收纳柜里面

P-O-I-N-T
02

现场制作书桌增加收纳空间

现在很多小书房是利用阳台等角落空间设计的，这样就很难买到尺寸合适的书桌和书柜，现场制作是一个不错的选择。如果书房选择现场制作书桌，可以考虑在桌面下方留两个小抽屉，这样很多零碎的小东西都可以收纳于此，但需要注意的是抽屉的高度不宜过高，否则抽屉底板距离地面太近，可能下面的高度不够放腿。

◇ 现场制作的书桌可以考虑在桌面下方留出小抽屉

P - O - I - N - T
03

利用墙面承载书房更多零碎

即使是在书房里，墙面空间如果设计合理也能有高效的收纳功能。如可以在墙上安装柜子或者搁板，既能将书房的零碎物品巧妙安置，而且摆上一些工艺饰品、花艺绿植，还能起到美化空间的作用，这样的设计在注重实用的同时。还在书房的墙上制造出更多的视觉惊喜。

◇ 书桌上方设计吊柜满足书房的收纳

◇ 富有趣味性的搁板收纳造型

◇ 两排长长的搁板承担了收纳书籍和展示饰品的双重任务

◇ 富有趣味性的搁板收纳造型

P - O - I - N - T
04

厘清电线还一个简单干净的桌面

在现代家庭的书房里必定少不了电脑、电话、台灯等常用电器，稍不留意各种电器的电线就会像一团杂草一样纠缠不清，这样势必会影响书房的整洁度。因此，需要对电线进行归纳整理，在确定电器线路的长度后，可以通过桌上的走线孔将电线全部收到桌子后面，并且把电线束起来，这样不仅可以让整个桌面整洁干净。而且也提高了书房用电的安全性。

— TIPS

小户型 ◆ 空间设计

对书籍通过尺寸和使用频率进行分区

书籍是书房中的常驻角色之一，因此对书架、书柜进行合理的分区，不仅能提高取放书籍时的便利度，而且整齐的收纳也会让书房空间更为舒适宜人。书籍杂志可以根据版式大小和使用频率，分别放在不同分区、不同高度进行收纳。例如工具书、百科全书等笨重且经常使用的书籍，可以放在书柜下层，这样就可以避免爬高取这些又大又重的书籍时出现不必要的意外。

收拾好厨房中的锅碗瓢盆
让烹饪更有乐趣

　　开门七件事，柴米油盐酱醋茶。锅碗瓢盆、柴米油盐……这些厨房里的东西实在是太多了，因此厨房空间对收纳的需求很大。但小户型的厨房空间又往往不够用，如果不合理分配，各种餐具、厨具、调味品的瓶瓶罐罐往往会让主人在烹饪时手忙脚乱。因此，不妨试试从厨房的各个角落"借"点空间。

利用墙面空间摆放厨房日常杂物

　　墙面空间是厨房收纳不可忽略的部分，可以利用收纳架、搁板、挂钩开辟墙面上的收纳空间，将厨具、餐具整齐地摆放收纳。搁架是厨房空间最好的墙面收纳助手，可以把所有的瓶瓶罐罐整齐摆放在上面，丝毫不会显得凌乱。如果将其设计在靠近操作台的墙壁上，在整齐收纳的同时还非常方便取放调味料，使烹调过程更加方便高效。

◇ 在厨房墙面上安装搁架收纳瓶瓶罐罐

◇ 长条状开放式的储物格适合放置一些厨房中需要经常拿取的物品

◇ 利用固定架把微波炉安置在墙面，给操作区留出更大的空间

◇ 吊柜、搁板与不锈钢挂杆在小户型中组成一个十分强大的收纳系统

◇ 在小户型厨房的收纳设计中，可以利用搁板配合橱柜起到很好的储物功能

◇ 曲线优美的铁艺置物架呼应了田园风格的设计主题

P-O-I-N-T
02

合理规划橱柜内部空间结构

橱柜虽然外表看着简简单单，但里面却大有文章。对橱柜内部规划得越细越合理，则可以收纳更多种类的东西。比如利用隔板或抽屉，将杯子、碗、碟都分类摆放，这样的设计让每层的物品都清晰明了，非常方便取用。

P-O-I-N-T
03

内嵌式收纳设计将厨房电器隐身起来

现代厨房通常会有很多电器，如冰箱、微波炉、烤箱等。本来厨房就狭小拥挤，如果电器的摆放位置设计不当，则会让厨房更加拥挤不堪。放置家电最省空间的方式莫过于采用内嵌式橱柜，尺寸与操作台宽度一致，将上方的空间用作储物柜，下方放置电器，这样整个空间看起来让人感觉平整舒服。

◇ 将厨房电器内嵌于橱柜之中节省出空间

在厨房设计岛台提高空间利用率

如果家中的厨房是开放式的，那不妨考虑增加一个岛台。不仅可以增加厨房的烹饪氛围，体会多人制作美食的乐趣，而且岛台具有非常高效的收纳功能，可以大大地提高厨房空间的利用率。米、面、油、干制品以及其他可常温保存的食品都可以收纳其中，一些常用的厨具也可以放在岛台里收纳，低头伸手就能拿到，非常方便。此外，小户型在设计岛台的时候，可以将岛台和餐桌结合，让其集操作台、收纳柜、餐桌于一身，一台多用的设计不仅可以缓解小户型的空间压力，而且也非常具有设计美感。

◇ 将岛台与餐桌相结合，缓解小户型的空间压力

卫生间收纳

不要漏过小空间中的角角落落

　　一般小户型的卫生间都不是很大，但卫生间却是家中最常用的领域，而且对于卫生要求也很高。小小的空间里不仅有许多洗护用的瓶瓶罐罐，还有全家人的毛巾等日常洗漱用品，因此，整洁、卫生的收纳成为小户型卫生间的头等大事。

充分利用小巧型家具

对于小户型卫生间来说，小巧型家具是最佳选择，家具窄一分矮一寸都可以留出更多的空间。延伸至整面墙的浴室柜和搁板可以根据使用者的需求任意组合，不仅能收纳各种高度的物件，还可以收纳需要隐藏或是经常取用的物品。墙面上的搁板可以窄一点，恰好放下杯子、瓶子即可，窄窄的搁板也可以使整个空间看起来更宽敞。此外，半开放式的洗手台绝对是小户型卫生间的不二之选，洗手台下方的开放空间可以收纳一些清洁用品。

◇ 墙面安装搁板收纳卫浴小物件

◇ 利用置物架代替浴室柜

◇ 与浴室柜同色的置物架

◇ 移动方便的藤编收纳篮

◇ 利用卫浴间的墙面设计壁龛，不占用空间的同时巧妙实现洗浴物品的收纳

P-O-I-N-T
02

利用墙面壁龛进行收纳

　　小户型卫生间因为本身占地空间就非常小，所以摆放一些储物柜是不太现实的，而墙面却是一个非常合适的收纳位置。可以在墙面上设计一个壁龛空间，嵌入式的结构设计不占卫生间的多余空间，却能增加空间储物功能。壁龛能设计在淋浴房，也能设计在马桶上方，马桶上方的壁龛可以放置各种化妆品，淋浴房内的壁龛可以放置洗浴用品，通过简单的墙面嵌入式结构，无形中增加了收纳储物功能，让小户型卫生间也能有干净整洁的效果。

03

镜柜集梳妆与收纳功能于一体

小户型卫生间的空间比较小，可以考虑在洗手台柜的上方现场制作或定做一个镜柜，柜子里面可以收纳大量卫浴化妆的小物件，通常在现代风格里面用得比较多。如果做镜柜的话就不用再安装镜前灯，可在镜柜的上下方藏入光带，还可以在台盆柜的正上方添置射灯。镜柜的深度一般为20cm，离台盆柜的高度在40~45cm。镜柜的柜门上下都要比柜体本身超出约5cm，这样一来可以遮挡住灯带，比较美观，二来镜柜也不需要另外设置拉手。

◇ 利用镜柜进行收纳

P-O-I-N-T

04

利用角柜拾起卫生间的角落空间

"不浪费任何一寸空间"是小户型卫生间最重要的一条收纳法则。墙角往往是最容易被忽略、被浪费掉的小空间。因此，可以在卫生间边角的位置安设一个角柜，上层开放式的置物格可以用来摆放饰品绿植及日常小用品，下层则可用来收纳其他用品。

◇ 利用角柜进行收纳

_TIPS

角柜的选择

小户型 ◆ 空间设计

　　角柜的尺寸要结合所需要的功能和空间大小来选择，小户型的卫生间可以选择一些小巧精致的角柜，在颜色上要与卫生间整体色彩风格保持一致性或者接近，避免因色彩上的冲突而造成视觉拥堵感。

掌握餐厅收纳技巧
让用餐环境温馨浪漫

　　餐厅可以说是家庭成员聚集最为齐全的一个空间，一个良好的就餐环境可以带给全家人好心情。对餐厅进行合理有效的收纳不仅可以让餐厅变得整洁卫生，而且可以为餐厅空间营造一个干净温馨的就餐氛围。

最具实用性的卡座收纳

　　现在很多的家居设计都把卡座引入到餐厅空间，既实用又有格调，考虑到小户型餐厅空间比较小的情况下，采用卡座一方面可以节省餐桌椅的占用面积，另一方面卡座的下方空间还可以用于储物收纳，能够很好地将收纳空间和餐厅合二为一，让餐厅的功能更加紧凑。一般来说，卡座的宽度要求在 45cm 以上，高度应与椅子一致，一般在 42~45cm。但需要注意的是，如果卡座在设计的时候考虑使用软包靠背，座面的宽度就要多预留 5cm。同样，如果座面也使用软包的话，木工做制作基础的时候也要降低 5cm 的高度。此外，卡座的高度应与椅子一致，一般用板材、砖等材料制作，其形状可以根据户型自身的格局进行设计。

◇ 由飘窗改造而成的卡座

◇ 收纳功能强大的餐厅卡座

◇ 黑白色卡座呼应整体现代风格

◇ 卡座、餐边柜与吊柜组合收纳

◇ 卡座上铺一层软垫更添舒适感

P - O - I - N - T

02　餐边柜是餐厅收纳的主角

餐边柜是餐厅收纳的重点，餐边柜除了可以改善用餐气氛、放置餐具等物品之外，还可弥补餐厅收纳空间不足的问题。此外，餐厅收纳柜的间隔、格局应该灵活设计，需要考虑到各种可能会出现在这里的物品及尺寸，灵活开放的收纳空间设计，可以让不同大小的物品都能容纳进去。从实际情况出发，根据个人的使用习惯和喜好来打造餐边柜，能够提高它的实用性和便捷性。餐厅柜建议分区域使用，不设柜门的开放区可以存放酒类、酒杯，或者装饰品摆件作为展示观赏。非开放区则可以考虑用于存放泡菜、榨菜、下饭菜等物品，将繁杂的小物件隐藏收纳可以减轻空间的杂乱感。

一柜到顶的餐边柜设计巧妙地利用了整面墙，既不浪费任何空间，又大大增加收纳功能。上下封闭，中间镂空，根据需求可以有多种形式设计。空格的部分缓解了拥堵感，可以摆设旅游纪念品和小件饰品；其他的柜子部分能存放就餐需要的一些用品。而嵌入式设计的餐边柜最能节省空间，把柜体嵌入墙体，统一美观，或者把餐桌嵌入餐边柜。如果餐厅空余墙面有限或有凹位墙，可以选择这种类型的餐边柜，占地面积有限，但是储物能力丝毫不差。

◇ 地柜与吊柜相结合的餐边柜

◇ 嵌入式设计的餐边柜

◇ 一柜到顶设计的餐边柜

TIPS

小户型 ◆ 空间设计

餐边柜上摆设饰品

　　在餐边柜上摆放工艺品摆件，是比较常用的餐厅装饰手法。小户型餐边柜的款式设计最好不要过于复杂，简单素雅的餐边柜更能突显出饰品的装饰效果。此外应注意饰品摆件的宽度一定要小于餐边柜的长度，否则视觉上会失去平衡感。

吧台让餐厅收纳更美观

在小户型中，常常会出现餐厅空间拥挤局促的情况，因此，可以在墙体转角的地方或者墙边设计一个迷你型吧台，吧台的下侧还可设计成一个储物柜，既增加了收纳空间，又可以让餐厅的布局充满新颖的设计美感。

◇ 利用吧台进行收纳

合理规划阳台收纳
让小户型焕发青春活力

小户型的阳台面积通常较小，而杂乱无章的陈设会让其更显狭仄，如果把阳台上的物品整齐有序地摆放好或者通过合理的设计将其收纳起来，则可以让阳台空间在视觉上产生放大的效果。因此，做好阳台收纳对于小户型来说是非常重要的。

P-O-I-N-T

01

从大到小有序的排布让阳台更显宽大

阳台的收纳，要先分配好洗衣机、晾衣架等不能随意移动的大件物品的位置，然后再分别安置可移动的小物件。水管、毛巾等可以用一些挂钩将其挂起来，减少地面空间的占用，让阳台更显宽敞。

◇ 以洗衣机等大件物品为重点展开小物件的收纳

用储物架给阳台杂物找一个归宿

　　小户型阳台空间有限，因此需要对其进行合理的分配，提高空间利用率。比如可以在阳台摆放一个小型储物架，在这里存放一些旧物、器具以及不会经常使用的生活小杂物等，既便于拿放又整洁、干净，而且不会过多地占用行走空间，也不会过多地阻碍横向空间。

◇ 阳台上摆放小型储物架

设计地柜满足更多的收纳功能

阳台不应做太多的安排，尽量省下空间来满足主要功能，可以在阳台内培植一些盆栽花木，既可观赏又可遮阳。与此同时，阳台装修过程中收纳的功能不可或缺。为了实用起见，可以在阳台设计一排地柜，地柜的作用除了正常的收纳功能以外，还可以当凳子用，甚至设计成榻榻米，成为一个休闲娱乐区，不过有一点要注意的是，想要在阳台上做地柜，就一定要封闭阳台，否则下雨的时候雨水飞溅进来，柜子就会很容易受潮损坏。

◇ 地柜除了有收纳功能之外，铺上软垫后还可以当作榻榻米使用

◇ 箱子作为收纳工具既移动方便，又可以当凳子使用

悬空布置阳台绿植减少空间占用

　　绿植花艺几乎是每家每户的阳台上都会出现的"常驻嘉宾"。与其将它们都摆放在地上占用地面空间，不如悬挂起来，或固定于窗台墙面，或悬挂于窗框下方，这样的摆放方式既美观又能减少阳台地面空间的占用。此外，也可选择多层式花架，放置盆栽、收纳盒等都很方便，既能增强阳台的收纳功能，而且更具美感。

◇ 悬空布置阳台绿植，充满生机

◇ 采用多层花架摆放绿植

—TIPS

小户型 ◆ 空间设计

阳台养花也需合理布局

　　如果能够对阳台空间进行合理布局，阳台养花既能使植物栽培和装饰艺术结合，又可以让各种特性的植物共处一台而不浪费空间。如在阳台上层宜放阳性花卉；下部空隙处放置耐阴花卉；阳台顶部设几个吊钩，悬挂些小型盆花，如垂盆草、吊兰等；阳台两侧种些攀悬植物。如果阳台较宽，也可摆些盆花，所摆设的花还可以根据季节和花期等随时调换位置，打造出一个四季如春的阳台空间。

软装搭配篇

P-A-R-T 6

　　轻装修重装饰的理念已经被越来越多的人们所重视，软装搭配也逐渐成为家装的重头戏。

　　由于小户型的空间局限，过于复杂的搭配会让人眼花缭乱，空间也会因此变得花哨拥挤，因此小户型在软装上应该尽量简约，而且应多选用白色等浅色调作为主调，并点缀以亮色达到视觉平衡。这样装饰的房间在初期可能会显得单调，但是通过巧妙的软装配饰，以及随着时间及生活的不断充实，整个居家环境将会更加的温馨舒适。

注重家具陈设
让小户型空间更敞亮

　　家具摆放的合理与否对空间的舒适感和美感具有至关重要的作用，特别是在居室面积较小的小户型房间。小户型的面积本来就不宽敞，如果再摆上家具就会显得更拥挤，但若通过合理精巧的家具布置，可以让小户型家居在视觉上产生变大的效果，让居住体验更加舒适惬意。

选择适合小户型的
简约家具

　　小户型家具陈设的主要原则就是统一、简约，所以家具不需太奢华，而且尽量不要选择造型太复杂的家具，应多采用线条简洁、体积较小的家具，这样可以让空间有足够的通透性。普通的板式家具只要质量过关，就可以考虑使用。价格不高，选择层面广，而且非常具备时尚感。此外，建议采用多功能家具和定制家具，因此这不仅可以提高空间的使用率，还能增加空间的储物收纳功能。

◇ 沙发床是小户型中应用最广的多功能家具之一

◇ 利用角落定制家具可以提高空间的使用率

◇ 线条简洁、体积较小的家具让空间更有通透感

一字形摆设的客厅沙发

将客厅里的沙发沿一面墙呈一字状摆开，前面放置茶几。这样的布局能节省空间，增加客厅活动范围，非常适合小户型空间。如果沙发旁有空余的地方，可以再搭配一到两个单椅，最好能随时灵活调整。或者摆上一张小边几，再摆上绿色植物作为点缀。虽然客厅的格局不变，但视觉上更为生动、丰富。

◇ 一字形摆设的沙发节省空间

◇ 如果空间允许，可在一字形的沙发边上增加单椅

把床靠墙摆放
腾出空间

在小户型的卧室空间里，不妨试着将床、衣柜等沿墙放置，将它们集中起来摆放，空出卧室另一边的空间。而这个空出来的区域则可作为一些可移动家具或弹性收缩家具临时摆放的地方，以供不时之需。这样的陈设方式可以让卧室显得更宽敞，而且空间的灵活性也更大些。

◇ 将床和书柜靠墙摆放，腾出一个小书房的空间

◇ 小户型的儿童房中将床靠墙摆放，可给孩子增加更多的活动空间

P·O·I·N·T
04

将餐桌靠墙摆放节省空间

很多餐厅都是与客厅或者厨房共享一个大空间的，因为实在是没有多余的地方来为餐厅开辟单独的空间。为了节省餐厅极其有限的空间，将餐桌靠墙摆放是一个很不错的选择。虽然少了一面摆放座椅的位置，但是却缩小了餐厅的范围，对于两口之家或三口之家来说已经足够了。

◇ 餐桌靠墙摆放以节约空间

— TIPS

小户型 ◆ 空间设计

巧妙利用死角为空间服务

由于很多家具都不是针对户型及空间结构量身定做的，因此在摆放陈设时会产生一些空间死角，如床底、鞋柜内部、柜子顶部空间等。如果可以灵活地将这些死角运用起来作为收纳，就能为小户型腾出更多的居住空间。比如很多柜子顶部到房顶间往往会有一定的死角空间，而且这部分空间很容易被人忽略，因此，不妨将一些暂时用不上的东西收集到储物盒里，再将其放置到柜子顶部，这样柜子顶部的死角空间就被巧妙的利用起来了。

巧用灯饰照明

点亮小户型的每个角落

　　灯饰照明是室内设计中非常重要的环节。由于小户型实际使用面积比较小，所以照明应使用整体灯光为佳，太多的光源会让本就狭小的空间产生凌乱感，进而显得更加狭窄。小户型的照明方式大多选择冷白光的 LED 灯管和 LED 灯。冷光有扩散和后退性，能延伸空间让空间看起来更大，使居室能给人以清新开朗、明亮宽敞的感受。因户型面积的局限性，小户型的区域界线感不强，例如餐厅可能与客厅是一体的，或者厨房是开放式的。因此，可以适当地增加局部照明，以增加居室的起伏性和各个功能区之间的层次感。

利用灯饰照明改善采光扩展空间

　　在现代家居中，灯饰已经不仅仅只是作为照明的工具了，如果运用得当，不仅能改善小户型的采光缺陷，而且能产生放大空间的效果。如果觉得小户型的采光不足、空间不够，那不妨考虑在不同的区域搭配适宜的现代灯具，随着阴暗面积的减少，空间也就自然而然地变大了。此外，在灯具上可以选择不锈钢、钢化玻璃等具有反光性能材质的灯饰，浅色及通透感强的材质在一定程度上可以减轻小户型采光不足的缺陷。

◇ 小户型适合选择具有反光性能材质的灯饰

小户型客厅照明

　　小户型客厅宜采用造型简洁的现代吊灯或吸顶灯做整体照明，倘若再加上一盏台灯或落地灯增加灯光层次，效果就更好了。如果墙面有装饰画或角落有摆放装饰工艺品，可以用小射灯对其进行重点照明，以营造视觉亮点。由于有些户型客厅进深长，远离窗户的内部采光差，可以选用落地灯等灯具进行局部补光，一则增加空间的通透感，减少照明暗区对空间整体美感的影响；二则阴天等室内光线不足时可单独补充，而不需要打开主灯。

◇ 小户型客厅中可选择落地灯进行局部补光

◇ 灯带照明与筒灯照明结合的照明方式是简约风格小户型客厅最常用的灯光方案之一

◇ 点光源照明配合长臂壁灯的局部照明更显现代气息

◇ 选择小吊灯代替床头柜上的台灯

小户型卧室照明

　　小户型的卧室空间一般都不会很大，所以在选用灯具时，以满足基本照明需求和营造睡眠气氛为主。因此，卧室主灯可选用简洁的吸顶灯，还可以适当地设置一些辅助照明，比如卧室床头可摆放一盏时尚简约的台灯。但有些卧室面积不大，没有空间再摆放床头柜，或者床头柜本来很小，如果再放个台灯会占去很多空间，通常可以根据风格的需要选择小吊灯代替床头柜上的台灯。

◇ 小户型卧室宜选择造型简洁的吸顶灯作为主要照明

◇ 台灯是小户型卧室最常用的局部照明

04

小户型餐厅照明

　　餐厅的灯光要注重餐桌区域的重点照明，在餐桌正上方可使用小型吊灯。不仅满足照明需求，还能对餐厅起到很好的装饰作用。在吊灯的选择上，应偏向于更现代简约型的款式，突出小而美。但具体还是应该根据家居的整体装饰风格来选择。另外，采用暖黄色的灯具，能令菜肴更光泽诱人，达到增强食欲的效果。

　　空间狭小的餐厅里，如果餐桌是靠墙摆放的话，可以选择壁灯与筒灯的光线进行搭配。用餐人数较少时，落地灯也可以作为餐桌光源，但只适用于小型餐桌。

◇ 现代简洁的吊灯起到很好的装饰作用　　　　　　　　◇ 餐桌靠墙摆放的小餐厅可选择壁灯与筒灯的组合照明

◇ 现代简洁的吊灯起到很好的装饰作用

─ TIPS ── 小户型灯具的选择原则

小户型 ◆ 空间设计

　　小户型选用灯具应更加注重实用效果，灯具造型应尽量简约精巧，不可太过花哨。主灯以造型简洁的小吊灯或吸顶灯为主，辅之以落地灯、射灯等区域性照明。此外小户型应尽量选择小型灯具，小型灯具虽然面积较小，但往往造型会更为精致，相比大型灯具，虽不能营造富丽堂皇的感觉，但能使小户型显得更加温馨。

利用窗帘布艺
在视觉上扩大小户型空间

　　窗帘是每个家庭的必备用品，它不仅能够遮挡外面的视线，保护个人隐私，还可以很好的装饰房间。其实，对于小户型的家居空间来说，窗帘的作用远不止此，如果能掌握搭配窗帘布艺的技巧，还能在视觉上起到放大空间的作用。

浅色、冷色调的窗帘使小房间显得宽敞

浅色、冷色调会显得空间大而明亮，深色会显得厚重压抑。由于小户型空间较小，因此适合选择使用浅色、冷色调的布艺窗帘，这样能给人带来大方、雅致的视觉效果，从而也在视觉上放大了空间。如若加以搭配素净的小图案，还能让空间更加活泼有趣。

◇ 浅色调窗帘显得简洁大方

◇ 冷色调的窗帘带来空间放大的视觉效果

浅色具有光泽面料的窗帘可让房间变亮

底层住宅和朝向不好的小户型，容易出现采光不足的问题。因此，在安装窗帘时，宜选用具有光泽的浅色布料，比如棉加丝面料的窗帘。窗帘的光泽往往能在很大程度上减少空间里的晦暗感，此外，如果加以使用纱等薄质织物与窗帘搭配，还能起到柔和空间的效果。

◇ 有光泽的浅色窗帘有助于提亮空间

◇ 素色窗帘可减少小空间的压迫感

03

竖条图案的窗帘可使房间增高

在小户型空间里如果层高不够，或是在装修时设置了吊顶，都容易让人产生压迫感。最简单的解决办法就是选择使用色彩强烈的竖条图案的窗帘，而且为了让窗帘线条更加简单流畅尽量不做帘头装饰。此外，采用素色的窗帘，可以让空间显得简单明快，从而减少小空间的压迫感。

◇ 色彩强烈的竖条图案的窗帘拉升空间的视觉层高

墙面挂装饰画
提升小户型的艺术气息

　　装饰画是墙面不可缺少的"妆容"，在这个崇尚个性的年代，挂一幅装饰画，不再仅仅是为了填补墙面的空白，更是能体现出居住者的品位。选择装饰画的首要原则是要与空间的整体风格相一致，其次，相对于不同的空间可以悬挂不同题材的装饰画，还有采光、背景等细节也是选择装饰画时需要考虑的因素。虽说小户型的面积较小，但选择合适的装饰画能使室内看起来更有生机和活力。

P-O-I-N-T

01

小空间里装饰画数量要适宜

　　小户型空间有限，所以装饰画要讲究少而精。如果室内装饰画的数量过多不仅会产生让人眼花缭乱的不适感，失去了美的韵味，而且会让小空间更显局促拥堵。因此，在小户型的空间里只需选择几幅符合自己个性、能够彰显品位与格调的装饰画即可。

◇ 小户型墙面挂大小不一的多幅装饰画效果

◇ 小户型墙面挂单幅装饰画效果

◇ 小户型墙面挂双联画效果

TIPS

小户型 ◆ 空间设计

应选择开阔位置悬挂装饰画

装饰画的悬挂位置要选择视觉的第一落脚点，悬挂在比较开阔、背景或陈设较单一的位置。如玄关处、客厅沙发墙、书桌、床头、床的一边以及正对着门的墙面等，而不显眼的角落和阴影处则不适合挂装饰画。

装饰画悬挂高度需适当

装饰画悬挂的高度一般以画的中心位置，在双眼平视高度再高 10~25cm 的高度挂画为宜。欣赏这个高度的挂画不用抬头或低头，是最为舒适的赏画高度。从视觉性考虑，一般最适宜的挂画高度是画面中心位置距地面 1.5m 处，这样的水平直视欣赏更为舒适惬意。除此之外当然也需要根据墙壁面积以及挂画内容所要表达的内涵主题做适当调整。

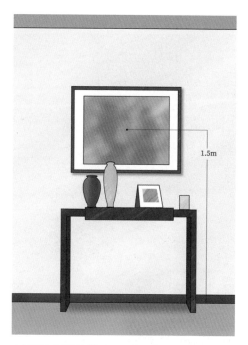

◇ 画面中心位置距地面 1.5m 处是挂画的合适高度

装饰画内容应简约大方

选择装饰画时，应注意画的色调及绘画内容是否与室内装饰风格和色调协调、搭配。另外，装饰画的内容应该简约、美观，符合现代人的审美观念，画面深沉的挂画容易给小空间造成视觉压力。此外，还可以根据季节、节日的不同选择相应的装饰画内容或色彩。这样可以为家居生活增添别样的趣味。

◇ 餐厅墙面的装饰画内容应简洁大方

◇ 装饰画的色调与地毯、抱枕以及花艺之间形成一定的呼应

◇ 黑白装饰画更能凸显空间的简约气质

◇ 装饰画上的高明度黄色点明现代时尚的家居主题

TIPS

小户型 ◆ 空间设计

挂置装饰画时应注意采光

　　由于小户型的客观条件所限，在小空间内悬挂装饰画时，还要注意让窗外的自然光源和画面上的光源方向相互呼应。以油画作品为例，油层和明暗部位都不同，因此油画的光源常采取左上方，而山水画则最好挂在与窗户成直角的右侧墙壁上。

饰品合理布置
体现轻装修重装饰的设计理念

　　小户型空间的饰品布置原则是简约、轻量、空间利用率高，以兼具或不妨碍功能性为前提。因此，宜选择一些简约风格的装饰品来营造整体低调、优雅的生活氛围。但是简约不等于简单，每件饰品的陈设都是经过思考沉淀得出的，而不是简单的堆砌摆放。除此之外，还可以选择一些造型独特且富有趣味性的陈设摆件，让平静的空间鲜活起来，打造出一个简趣的哲理空间。

◇ 现代风格的小户型适合选择具有优美曲线外形的花器

P-O-I-N-T
01

花艺绿植装点小户型空间

花艺对于小户型来说，是再合适不过的天然装饰品了。小空间不能选体积太大的花器，避免产生拥挤压抑的感觉。可在适当的位置摆放体积玲珑的花器，花器尽量以单一色系或简洁线条为主，正好起到点缀、强化的装饰效果。小户型一般选择造型简单，体量较小的花艺，且数量不宜过多。

◇ 客厅茶几上摆设小型花艺

◇ 北欧风的小户型空间，可以选择麻袋、藤编框作为
　绿植的容器

◇ 造型饱满的花艺更适合布置在面积稍大一些的
　小户型空间中

◇ 一些体态较小的绿植可以见缝插针地布置在小户型空间的任何一个角落，为室内增添绿意
与活力

◇ 富于变化的挂镜造型除了起到扩容作用之外，还具有很强的装饰作用

利用挂镜的
独特装饰作用

　　挂镜的造型越来越多样化，也成为软装配饰的重要组成部分。进行软装搭配时应尽量选择一些装饰性比较强的镜面，和室内的家具相互调节搭配，以此来提升空间品质感。挂镜可以通过简单的排列传递出不同的效果。同样是用来为居室扩容，把一些边角经过圆润化处理的小块镜面组合拼贴在墙面上，富于变化的造型带来更加丰富的空间感觉，展现出生活的多姿多彩。

　　注意如果想要利用挂镜实现空间扩容的话，对于镜子本身的造型没有太多要求，只需一面简单的镜子即可，但需要注意的是放置镜子时的角度问题。斜放的镜面可以拉升空间高度，适合比较矮的房间；而整块运用或是直角运用就能成倍加大空间视觉面积。

◇ 餐厅墙面挂镜具有丰衣足食的美好寓意

◇ 富于变化的挂镜造型除了起到扩容作用之外，还具有很强的装饰作用

◇ 富有趣味性的挂镜组合更加凸显工业风空间的个性气息　　　◇ 简洁的圆镜结合直线条的软装饰品，更富设计感

03

玻璃工艺品让小户型空间更为通透

　　由于玻璃材质的通透感好，不会过多地阻碍光线及视觉延伸，而且用其打造出的工艺品造型丰富，装饰性强，因此采用玻璃制造的工艺品非常适合用于装饰小户型空间。不仅让居住空间更具艺术气息，而且在一定程度上缓解了小户型采光不足的缺陷。此外，应注意由于玻璃属易碎品，所以应摆放在平常不易触碰到的位置。

◇ 玻璃工艺品非常适合妆点小户型空间

◇ 玻璃工艺品非常适合妆点小户型空间

◇ 餐厅照片墙

P - O - I - N - T

04

照片墙体现浓郁的生活气息

照片墙是由多个大小不一错落有序的相框悬挂在墙面上而组成，是最近几年比较流行的一种墙面装饰手法。照片墙在小户型空间中适用的地方很多，可以在客厅中作为沙发墙的背景装饰，也可以利用过道墙面把照片错落有致地挂在空白的墙面上。但是，不论在哪个区域布置照片墙，都一定要先规划好空间，然后计算出照片墙的大小和数量。

◇ 客厅照片墙

◇ 过道照片墙

05

墙面置物架上摆放饰品

安装在墙上的置物架不仅能够收纳小物件，起到缓解室内空间压力的作用，还能在上面摆放一些小饰品装饰墙壁，达到美化空间的效果。置物架可以根据小户型结构和室内的整体布局以及个人爱好，制作成自己喜欢的形状和结构，能够充分地展现出居住者的个性及艺术品位。

◇ 墙面置物架上摆设饰品

◇ 墙面置物架上摆设饰品